乡村振兴与地方治理研究丛书

Rural Revitalization and Village Planning

乡村振兴与村庄规划

刘建生◇编著

華中科技大學出版社
http://press.hust.edu.cn
中国·武汉

内 容 提 要

《乡村振兴与村庄规划》面向乡村振兴国家战略，阐述了村庄规划的基础理论、规划范畴、政策工具及实践案例，并在此基础上提出了村庄规划的平衡及未来面向。同时，将增减挂钩、全域土地综合整治、点状供地、庭院经济等公共政策作为村庄规划的政策工具。为体现前沿性，本书紧扣城乡融合发展的时代背景，引入了生成式人工智能，为突出可读性和实践性，本书增加了相关案例。全书以时代背景和理论体系为总体导向，致力于构建面向乡村振兴的实用性村庄规划理论体系。

图书在版编目(CIP)数据

乡村振兴与村庄规划 / 刘建生编著. -- 武汉 ：华中科技大学出版社，2024. 11. --（乡村振兴与地方治理研究丛书）. -- ISBN 978-7-5772-1303-3

Ⅰ. TU982.29

中国国家版本馆 CIP 数据核字第 20240Y1Z58 号

乡村振兴与村庄规划 刘建生 编著

Xiangcun Zhenxing yu Cunzhuang Guihua

策划编辑：周晓方 宋 焱
责任编辑：刘 凯
封面设计：原色设计
责任校对：张汇娟
责任监印：周治超
出版发行：华中科技大学出版社（中国·武汉） 电话：(027) 81321913
武汉市东湖新技术开发区华工科技园 邮编：430223
录 排：华中科技大学出版社美编室
印 刷：武汉科源印刷设计有限公司
开 本：787mm×1092mm 1/16
印 张：11.5
字 数：265 千字
版 次：2024 年 11 月第 1 版第 1 次印刷
定 价：68.00 元

总　序

乡村振兴与地方治理是“十四五”期间学界和政界重点关注的话题之一。显然，二者之间的关系，在推进中国乡村振兴的过程中，绕不开如何提高地方治理效果的问题，而提高地方治理效果，其重要目标之一就是要实现乡村振兴、实现城乡统筹发展，进而实现共同富裕。

如果说，“十三五”期间中国农村工作的重点是脱贫攻坚，解决相对落后地区群众的绝对贫困问题，那么“十四五”期间的重点则是中国乡村振兴，解决相对落后地区群众的相对贫困问题。然而，与脱贫攻坚相比，乡村振兴涉及的要素更多，触及的问题也更为复杂，因而乡村振兴的难度也会更大。尽管如此，我们认为乡村振兴是缩小城乡差距、打破城乡二元结构的重要路径，也是实现共同富裕的必经之路。或许正基于此，中央把乡村振兴上升到国家战略高度，并做出了重要的制度安排予以实施。但如何来推进乡村振兴？特别是如何在提高地方治理效果的进程中来实施乡村振兴？学界对此有不同的看法。

我们仍然把“二十字”，即“产业兴旺、生态宜居、乡风文明、治理有效、生活富裕”作为推进乡村振兴的总要求，其中“治理有效”是乡村振兴的核心，因为无论是产业的兴旺、环境的保护，还是乡风的净化、经济的发展实际上都属于“善治”的问题，只有在“善治”的框架下，上述目标才有可能实现。因此，从这个意义上说，要想乡村振兴取得实效，必须在治理上下功夫，在如何实现“善治”上做文章。这样，乡村振兴与地方治理实际上是一个问题的两个方面，是一种相辅相成的关系。但如何在提高地方治理水平的基础上来推进乡村振兴？换句话说，如何把地方治理很好地嵌入乡村振兴的过程中，这不仅是一个实践问题，而且是一个理论问题，因此急需公共管理、社会学、政治学、经济学等相关理论的支持，急需研究者去揭示隐藏在乡村振兴与地方治理背后的内在机理、逻辑和规律，为乡村振兴与地方治理的实践提供理论支撑。

当然，我们之所以要关注理论问题，一方面理论是一个抽象问题，是对经验的概括和总结，对实践具有指导意义；另一方面，只有掌握理论才能理解事物发展规律，才能更好地驾驭规律并为我所用。客观地说，无论是乡村振兴还是地方治理实践，我们都积累了大量的经验，也提炼出了很多模式，但这些都是一个地方或某几个地方的实际操作方式，它揭示的不是一般性的理论，因而难以用它来指导其他地方的实践。因此，需要学界去挖掘这些经验背后的内容，抽象出一般性的理论，唯有理论才能成为实践的指南，而这也正是学界需要努力的方向。当前中国乡村振兴与地方治理如火如荼的实践也为学界提供了很好的研究问题，这些问题背后不仅直接关联着国家治理体系、治理能力等要素，而且也能间接展示诸如国家与社会、中央与地方关系等问题，透过乡村振兴与地方治理的实践研究，可以揭示中国改革开放以来的制度性变迁及其内在的演进规律，这无疑具有重要的理论和现实意义。

毋庸置疑，乡村振兴与地方治理的问题，归根结底是治理性的问题，其最终目标是推进国家治理体系和治理能力现代化，因此，探寻不同的治理类型，摸索其运行的条件，并揭示其内在机理和逻辑是研究这一领域的主要切入点。当然，如前所述，无论是乡村振兴还是地方治理，所涵盖的问题很多，涉及的范围也非常广，需要多学科的介入、多方法的使用并构建一个学术共同体，这样才有可能实现既定目标。

本丛书的宗旨是希望为研究者提供一个平台，向读者展示研究者的研究成果，让更多人理解乡村振兴与地方治理为何及何以可能的问题，丰富其理论，并为指导乡村振兴与地方治理实践提供指南。

前　言

乡村振兴，规划先行。习近平强调“实施乡村振兴战略要坚持规划先行、有序推进，做到注重质量、从容建设”。2024 年 7 月，党的二十届三中全会提出城乡融合发展是中国式现代化的必然要求，要全面提高城乡规划、建设、治理融合水平，促进城乡共同繁荣，这对乡村的发展、乡村与城市之间的关系提出了更高的要求。在国土空间规划改革、乡村振兴战略、城乡融合发展等背景下，村庄规划成为法定规划及乡村振兴战略实施的基础性工作。

本书是一本服务于高等院校公共管理、城乡规划及相关专业的教材。本书选取接近哲学思考的本质范畴，以“数量与质量”“结构与功能”“开发与保护”“增量与存量”“刚性与弹性”等几对本质范畴作为切入点，以探讨村庄规划的本质，揭示规划背后的逻辑。在此基础上，通过政策工具和实践工具两个维度对村庄规划的理论基础、分析视角、核心范畴进行知识体系的结构化和系统化，力求体现以下几个特点。

科学性。本教材立足于新时代的要求，面向国家战略，聚焦基层需要，贯连理论和实践，融汇多方因素、要素，以梳理总结新时代乡村振兴与村庄规划的时代要求和应对方略。

实用性。实用性既是地方可持续发展的基本需求，也是乡村振兴战略的重要前提，本书的编写聚焦于以上两点，通过理论分析、规划方略与案例阐释相结合的方式，探讨多规合一实用性村庄规划实现的可能。

前瞻性。本书紧扣城乡融合发展的时代背景，引入了生成式人工智能，突出了前沿性。

本书是团队集体智慧的结晶。南昌大学中国乡村振兴研究院团队成员高玉静、张豆、陈少秋、陈新、肖宇豪等参与材料整理、内容撰写、文献查核等工作，并对本书提供了宝贵建议和智力支持。在写作过程中，我们查阅、参考、引用了大量学者的论著，在此向这些学者表示衷心的感谢！囿于理论与实践水平，加之投入的时间与精力有限，书中可能存在缺失和疏漏，诚望各位专家、学者、读者不吝赐教、批评指正。

目　录

第一章　绪论与分析框架 …………………………………………………… (1)
　第一节　乡村振兴，规划先行 ………………………………………………… (1)
　第二节　国土空间规划与村庄规划 …………………………………………… (3)
　第三节　村庄规划的发展历程及现代内涵 …………………………………… (8)
　第四节　本书结构和分析框架 ……………………………………………… (13)

第二章　城乡融合与村庄规划相关理论 ………………………………………… (19)
　第一节　村庄规划的经典理论回顾 ………………………………………… (19)
　第二节　城乡融合理论与乡村的多功能性 ………………………………… (23)
　第三节　基层治理理论与公众参与理论 …………………………………… (27)

第三章　村庄规划的核心范畴（一） ……………………………………… (30)
　第一节　数量与质量 ………………………………………………………… (30)
　第二节　结构与功能 ………………………………………………………… (36)
　第三节　开发与保护 ………………………………………………………… (38)

第四章　村庄规划的核心范畴（二） ……………………………………… (42)
　第一节　增量与存量 ………………………………………………………… (42)
　第二节　刚性与弹性 ………………………………………………………… (45)
　第三节　其他范畴 …………………………………………………………… (47)

第五章　村庄规划中的严控与激活 ………………………………………… (50)
　第一节　严控导向打分“三区三线” …………………………………… (50)
　第二节　激励导向的政策工具及技术工具 ………………………………… (53)

第六章　城乡建设用地增减挂钩 …………………………………………… (58)
　第一节　增减挂钩政策的概述 …………………………………………… (58)
　第二节　增减挂钩的主要方式 …………………………………………… (61)
　第三节　增减挂钩的地方实践 …………………………………………… (62)

第七章　全域土地综合整治与村庄规划 ………………………………… (66)
　第一节　全域土地综合整治的任务及政策措施 ……………………… (67)
　第二节　全域土地综合整治的管控与引导 …………………………… (72)
　第三节　全域土地综合整治模式与路径 ……………………………… (76)

第八章　村庄规划中的点状供地及庭院经济 ………………………… (83)
　第一节　点状供地政策探索与具体实践 ……………………………… (83)
　第二节　点状供地相关案例 …………………………………………… (88)
　第三节　庭院经济的内涵及特点 ……………………………………… (92)
　第四节　庭院经济的模式选择及比较 ………………………………… (93)

第九章　实用性村庄规划的导向与实践 ……………………………… (96)
　第一节　以管理实用为导向，“分级”实现村域空间的规划管控 …… (96)
　第二节　以内容简化为导向，“分类”明确村庄规划编制内容 ……… (99)
　第三节　以成果简明为导向，“分版”满足管理端、专家端、村民端需求 …… (103)
　第四节　以村民主体为导向，“分步”编制参与式村庄规划 ……… (104)
　第五节　以编管结合为导向，“分层”明确管控要求 ……………… (106)

第十章　赋能乡村振兴的村庄规划实践 ……………………………… (109)
　第一节　西岗村：活化密钥与规划定位 …………………………… (109)
　第二节　红井村：文化定桩与规划赋能 …………………………… (114)
　第三节　湖陂村：“三新计划”与规划引领 ………………………… (120)

第十一章　数智规划：生成式人工智能与村庄规划 ………………… (127)
　第一节　生成式人工智能概述 ……………………………………… (128)
　第二节　生成式人工智能在村庄规划中的潜力与应用 …………… (130)
　第三节　生成式 AI 参与村庄规划的挑战与展望 ………………… (132)

第十二章　结论：面向乡村振兴战略的村庄规划：平衡及未来面向 …… (134)
　第一节　村庄规划的平衡 …………………………………………… (134)
　第二节　村庄规划的未来面向 ……………………………………… (137)

参考文献 …………………………………………………………………………（140）

后记 ……………………………………………………………………………（145）

附录 1　中共中央关于进一步全面深化改革，推进中国式现代化的决定（节选） ……………………………………………………………（146）

附录 2　完善城乡融合发展体制机制 ………………………………………（148）

附录 3　自然资源部办公厅关于加强村庄规划促进乡村振兴的通知 ………（152）

附录 4　中共中央国务院关于建立国土空间规划体系并监督实施的若干意见（2019 年 5 月 9 日） ……………………………………………（156）

附录 5　自然资源部办公厅关于进一步做好村庄规划工作的意见 …………（161）

附录 6　江西省关于进一步加强实用性村庄规划工作助推乡村振兴的通知 ………（163）

附录 7　自然资源部办公厅关于印发《城中村改造国土空间规划政策指引》的通知 …………………………………………………………………（167）

第一章
绪论与分析框架

◆ **重点问题**

- 乡村振兴与村庄规划的关系
- 国土空间规划体系的改革与内涵
- 多规合一实用性村庄规划的特点
- 规划核心范畴、政策工具及实践案例的关系

乡村振兴，规划先行。尊重科学，握指成拳，让农民充分参与，制定好、实施好乡村建设规划，壮美的乡村全面振兴蓝图一定能早日变成现实①。

第一节　乡村振兴，规划先行

一、中国式现代化与国土空间规划

党的二十大报告擘画了以中国式现代化全面推进中华民族伟大复兴的宏伟蓝图，不仅有现代化的基本特征，更有基于自己国情的中国特色。报告指出，中国式现代化是人口规模巨大、全体人民共同富裕、物质文明和精神文明相协调、人与自然和谐共生、走和平发展道路的现代化。在中国共产党的领导下，实现高质量发展，发展全过程人民民主，丰富人民精神世界，实现全体人民共同富裕，促进人与自然和谐共生，推动构建人类命运共同体，创造人类文明新形态②。

中国式现代化是实现中华民族伟大复兴的根本路径，而其现代化的实现路径必然

① 顾仲阳．制定好实施好乡村建设规划（话说新农村）[N]．人民日报，2022-03-25.

② 习近平．高举中国特色社会主义伟大旗帜为全面建设社会主义现代化国家而团结奋斗 [N]．人民日报，2022-10-26.

受到诸多要素的影响，其中，国土空间发展格局及规划是核心要素之一。在过去的发展历程中，辽阔的国土面积、丰富的自然资源以及显著的区位优势为我国经济快速发展奠定了坚实的基础。

如今，我国迈入了高质量发展的新阶段，国土空间规划作为重要载体，为推进中国式现代化提供了必要的国土空间保障①。构建、优化国土空间发展格局的意义渗透于中国式现代化的特征中。第一，实现人口规模巨大的现代化，要以高效开发的国土空间为基础。第二，实现全体人民共同富裕的现代化，要以协调平衡的国土空间为依托。第三，实现物质文明与精神文明相协调的现代化，要以各具特色的国土空间为底色。第四，实现人与自然和谐共生的现代化，要以绿色低碳的国土空间为根据。第五，实现和平发展的现代化，要以稳定可持续的国土空间为载体②。

二、乡村振兴与中国式现代化

中国式现代化，既符合现代化的一般规律，又立足于中国国情，凸显中国特色。它包含了经济、社会、政治、文化的发展及其所产生的一系列指标变化，是进行一切工作的最高指引。乡村作为中国社会的基础，既是中国社会经济的重要组成部分，也是国家政治、经济、文化和道德生活的根基。当我们在审视中国的现代化进程并探讨其特殊境遇时，始终不能忽视乡村在其中的重要地位，不能忽视农村、农业和农民的现代化问题。

那么农村、农业和农民的现代化如何实现？党的重要文件和纲领给出了答案。中共中央国务院颁布《关于实施乡村振兴战略的意见》指出“乡村振兴战略是全面建设社会主义现代化国家的重大历史任务”③，《中华人民共和国国民经济和社会发展第十四个五年规划和 2035 年远景目标纲要》提出“坚持农业农村优先发展，全面推进乡村振兴……全面建设社会主义现代化国家，实现中华民族伟大复兴，最艰巨最繁重的任务依然在农村，最广泛最深厚的基础依然在农村”④。同时，连续几年的中央一号文件也多次表明农村发展、乡村振兴是践行中国式现代化、全面推进中华民族伟大复兴的必由之路。

乡村发展、乡村建设是永恒的课题。如果说中国式现代化是战略层面的总体布局，那么乡村振兴就是战术层面的具体举措，它致力于解决农村地区基础设施及公共服务、产业发展、治理体系建设等方面存在的“最后一公里”问题，缩小城乡差距，是中国式现代化发展理念在乡村地区的具体落地。也就是说，我们在探讨乡村发展的方向、途径、机制等问题时，势必要将其置于中国式现代化的场景中。

---

① 郝庆，杨帆．为推进中国式现代化提供国土空间保障——写在专辑刊发之后的话［J］．自然资源学报，2022（11）：3033-3036.

② 蔡之兵．中国式现代化引领国土空间格局优化的理论逻辑、现实挑战与政策方向［J］．生态经济，2023（5）：13-18.

③ 中共中央国务院关于实施乡村振兴战略的意见［N］．人民日报，2018-02-05.

④ 中华人民共和国国民经济和社会发展第十四个五年规划和 2035 年远景目标纲要［N］．人民日报，2021-03-13.

三、乡村振兴要坚持规划先行

民族要复兴，乡村必振兴。乡村要振兴，规划必先行。实施乡村振兴战略要坚持规划先行、有序推进，做到注重质量、从容建设，要通盘考虑土地利用、产业发展、居民点布局、人居环境整治、生态保护和历史文化传承，编制多规合一的实用性村庄规划。2019 年 5 月，中共中央、国务院印发《关于建立国土空间规划体系并监督实施的若干意见》，将村庄规划定位为城镇开发边界外乡村地区的详细规划，是乡村地区开展国土空间开发保护活动、实施国土空间用途管制、核发城乡建设项目规划许可、进行各项建设等工作的法定依据。2023 年，《中共中央 国务院关于做好二〇二三年全面推进乡村振兴重点工作的意见》提出“扎实推进宜居宜业和美乡村建设，加强村庄规划建设。坚持县域统筹，支持有条件有需求的村庄分区分类编制村庄规划，合理确定村庄布局和建设边界。将村庄规划纳入村级议事协商目录”①。早在 2019 年，自然资源部办公厅先后发布《关于加强村庄规划促进乡村振兴的通知》和《关于进一步做好村庄规划工作的意见》，指导各地有序推进“多规合一”实用性村庄规划编制。各地近年来的实践也表明，村庄规划在推进乡村振兴战略进程中发挥了不可替代的作用。浙江省从启动“千村示范、万村整治”工程到建设美丽乡村，最重要的一条经验就是以科学规划为先导，一张蓝图绘到底，久久为功搞建设。

实施乡村振兴战略，必须做好村庄规划，这有利于厘清村庄发展思路，明确村庄定位、发展目标、重点任务；有利于科学布局农村生产、生活、生态空间，尽可能多地保留乡村原有地貌和自然生态，系统保护好乡村自然风光和田园景观；有利于统筹安排各类资源，集中力量，突出重点，引导城镇基础设施和公共服务设施向农村延伸，加快补齐农村基础设施和公共服务设施短板。坚持村庄规划引领，做到发展有遵循、建设有依据，确保乡村振兴始终沿着正确的方向发展。

第二节　国土空间规划与村庄规划

一、从多部门规划到“多规合一”的国土空间规划

2018 年国务院机构改革前的规划体系是多部门各自规划。我国各部门规划体系的设置紧密依托行政层级，自上而下分为多个级别，围绕国民经济和社会发展规划、主体功能区规划、土地利用总体规划、城镇体系规划、环境保护规划等主要规划形成了“多纵多横”的格局②，如图 1-1 所示。

---

① 中共中央国务院关于做好二〇二三年全面推进乡村振兴重点工作的意见［N］. 人民日报，2023-02-14.

② 田志强，吕晓，周小平，等．市县国土空间规划编制理论方法与实践［M］. 北京：科学出版社，2019.

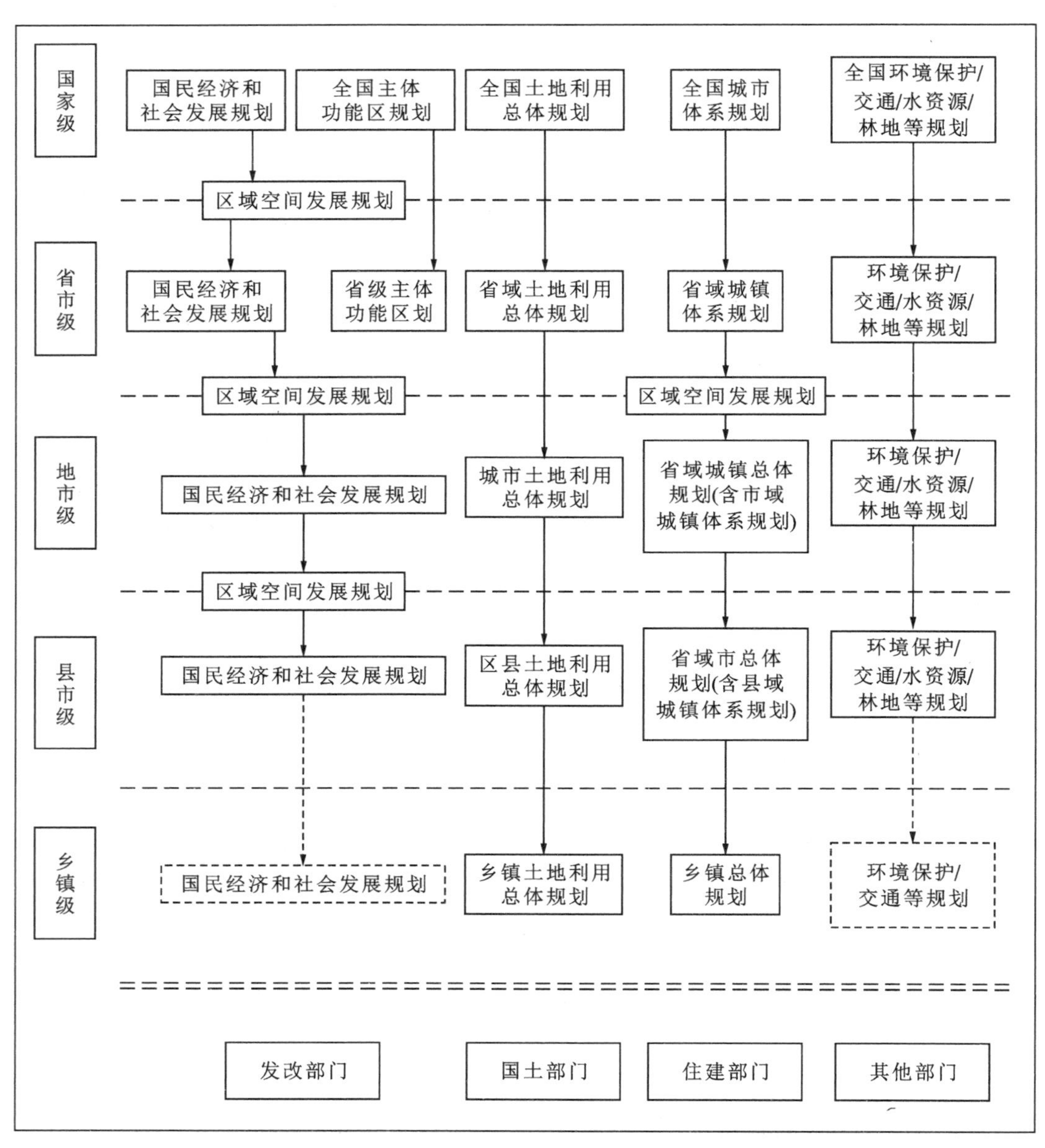

图 1-1　2018 年国务院机构改革前的规划体系

虚框表示规划编制在法律法规上虽未授权，但是在实际中存在。

资料来源：田志强，吕晓，周小平，等．市县国土空间规划编制理论方法与实践［M］．北京：科学出版社，2019．

各类规划围绕国家或地区发展大局设计总体思路，呈现出横向分类、纵向细化发展目标和规划内容的特点。国民经济和社会发展规划、主体功能区规划、土地利用总体规划、城镇体系规划、环境保护规划等的主管部门、规划类别、规划特性、编制依据、审批机关、实施力度和监督机构各有不同，国民经济和社会发展规划、主体功能区规划在实施上偏于指导性，而后三者偏于约束性，见表 1-1。

表 1-1　2018 年国务院机构改革前的规划管理体系

规划名称	国民经济和社会发展规划	主体功能区规划	土地利用总体规划	城镇体系规划	环境保护规划
主管部门	发展和改革部门	发展和改革部门	国土资源部门	城乡规划部门	环境保护部门
规划类别	发展和改革	空间综合规划	全域空间规划	局部空间综合规划	空间专项规划
规划特性	综合性	综合性	综合性	综合性	专项性
编制依据	上层次规划	上层次规划	经规和上层次规划	经规和上层次规划	经规和上层次规划
审批机关	本级人大	本级政府	国务院或上级政府	国务院或上级政府	本级政府
实施力度	指导性	指导性	约束性	约束性	约束性
监督机构	本级人大	上级和本级政府	国务院或上级政府	国务院或上级政府	本级政府

资料来源：田志强，吕晓，周小平，等．市县国土空间规划编制理论方法与实践［M］．北京：科学出版社，2019.

长期以来，中国规划类型繁多且自成体系，一定程度上为空间资源的保护与利用提供了专业支撑，但也存在各类规划内容重叠冲突、业务部门职责交叉、地方规划朝令夕改等问题，导致部分国土空间开发无序、自然资源粗放浪费，降低了规划的协调性、传导性、科学性和权威性。为应对上述问题，党中央、国务院就深化“多规合一”改革作出了一系列的重大决策和战略部署，于 2013—2019 年先后印发《中共中央关于全面深化改革若干重大问题的决定》《生态文明体制改革总体方案》《中共中央 国务院关于建立国土空间规划体系并监督实施的若干意见》等文件，着力推动国土空间规划体系的建立和完善，助推国土空间资源高效管控和有效配置。建立国土空间规划体系并监督实施，将主体功能区规划、土地利用规划、城镇体系规划等空间规划融合为统一的国土空间规划，实现“多规合一”。通过推进和实施“多规合一”，形成“一本规划、一张蓝图”，建立统一的编制审批体系、实施监督体系、法规政策体系和技术标准体系，构建统一的基础信息平台，形成全国国土空间开发保护“一张图”。

二、“五级三类四体系”的国土空间规划体系

依照国家发布的相关政策法规和自然资源部“三定”方案，国土空间规划体系层级和类型可概括为“五级三类四体系”，如图 1-2 所示。

纵向层面上为国家、省、市、县和乡镇五个层级，横向层面上为总体规划、详细规划、专项规划三类规划，横纵每项规划中，都具备编制审批体系、实施监督体系、法规政策体系和技术标准体系四个体系。

总体规划强调的是规划的综合性，是对一定区域，如行政全域范围涉及的国土空间保护、开发、利用、修复做全局性安排，包括：全国国土空间规划，是全国国土空间保护、开发、利用、修复的政策和总纲，由自然资源部会同相关部门组织编制，由党中央、国务院审定后印发；省级国土空间规划，对全国国土空间规划在省级层面的落实，用于指导市县国土空间规划，由省级政府组织编制，经同级人大常委会审议后

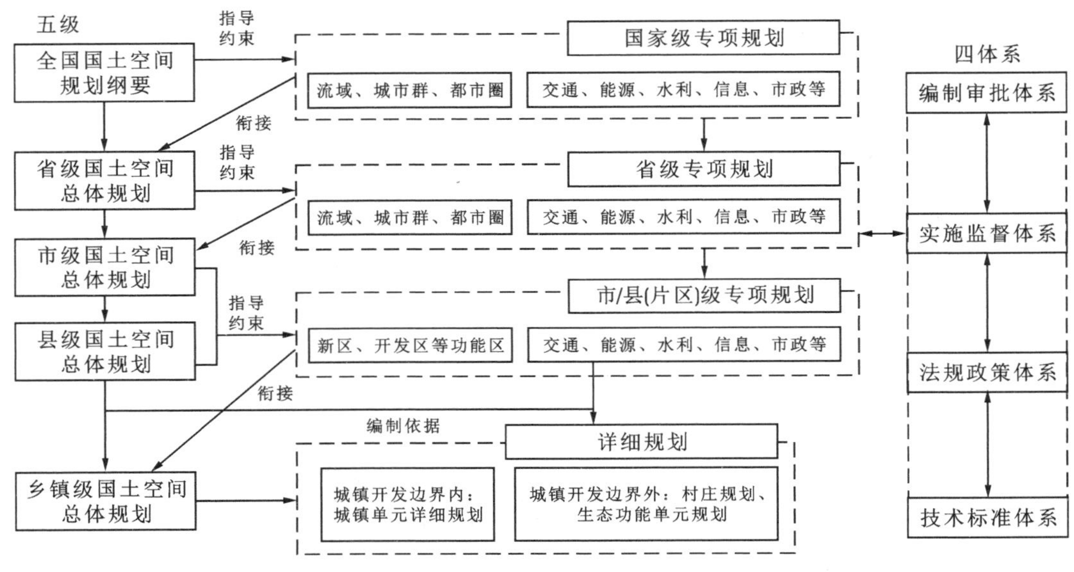

图 1-2　国土空间规划的五级三类四体系

报国务院审批；市县和乡镇国土空间规划，是对上级规划要求的细化落实和具体安排，可因地制宜，将市县与乡镇国土空间规划合并编制，可以几个乡镇为单元编制，由当地人民政府组织编制。

专项规划强调的是专门性，一般是由自然资源部门或相关部门来组织编制，可在国家级、省级和市县级层面进行编制，是对特定的区域或流域，为体现特定功能对空间开发保护利用而作出的专门性安排。专项规划是指导特定领域发展、布局重大工程项目、合理配置公共资源、引导社会资本投向、制定相关政策的重要依据。专项规划可在国家、省和市县级层级编制，不同层级、不同地区的专项规划可结合实际选择编制的类型和精度；海岸带、自然保护地等专项规划及跨行政区或流域地国土空间规划，由所在区域或上一级政府自然资源主管部门牵头组织编制，报同级政府审批；交通、能源、水利等涉及空间利用的某一领域专项规划，由相关部门组织编制。

详细规划强调实施性，一般是在市县以下组织编制，是对具体地块用途和开发强度等作出的实施性安排，是开展国土空间开发保护活动、实施国土空间用途管制、核发城乡建设项目规划许可、进行各项建设的法定依据。在城镇开发边界内，详细规划由市县自然资源主管部门组织编制，报同级政府审批；在城镇开发边界外，将村庄规划作为详细规划，以一个或几个行政村为单元，乡镇政府组织编制“多规合一”的实用性村庄规划，作为详细规划，报上一级人民政府审批，这样能进一步规范村庄规划。

三、国土空间规划体系中的村庄规划

（一）村庄

在探讨村庄规划的概念前，我们先要思考“村庄”的含义。村庄，又称村子、村寨、村落、聚落等[①]。村庄是农村聚落的场所，以农业（包括耕作业和林牧副渔业）生产为主的居民点，也包含其农业生产空间。一方面，村庄代表以农家聚落区为主的眼睛看得见的空间现象；另一方面，村庄代表了以居民意志为主的眼睛不易看出的社会集团[②]。1993 年颁布的《村庄和集镇规划建设管理条例》，将村庄定义为农村村民居住和从事各种生产的聚居点。结合以上观点，本书将村庄定义为既包含土地、农林、作物等自然要素，又承载村民聚落、文化等社会要素的地域空间。

（二）村庄规划

村庄规划是指对村庄原有特性的各个方面协调同步开发，对村庄的性质定位、人口和用地规模、产业布局与发展、公共管理与公共服务设施、道路交通设施、公用工程设施等进行科学规划[③]，以实现村庄经济和社会全面发展的目标，利用规划编制等手段，合理对乡村的生产生活环境进行规划改变，增加基建，改善产业、用地布局、社会发展以及各项建设的空间落地[④]。

2019 年 6 月《关于加强村庄规划促进乡村振兴的通知》明确指出，村庄规划是整合村土地利用规划、村庄建设规划等乡村规划，实现土地利用规划、城乡规划等有机融合的“多规合一”的法定规划，是国土空间规划体系中乡村地区的详细规划，是开展国土空间开发保护活动、实施国土空间用途管制、核发乡村建设项目规划许可、进行各项建设等的法定依据。

在乡村振兴的背景和要求下，我们应当坚持先规划后建设的原则，通盘考虑土地利用、产业发展、居民点布局、人居环境整治、生态保护和历史文化传承，编制“多规合一”的实用性村庄规划，为乡村建设、乡村发展、乡村振兴打好基础。

（三）国土空间规划体系中的村庄规划

在当前建立国土空间规划体系的关键时期，村庄规划肩负着乡村地区国土管控与建设许可的使命。村庄规划作为国土空间规划体系的基础层级，从纵向层面出发，是以县级国土空间总体规划为编制依据的详细规划在村庄层面的开发与落实；从横向层面出发，是在乡镇级国土空间总体规划的指导约束下，对城镇开发边界内的村庄进行规划，即村域内的全部国土空间，包括乡村土地利用、产业发展、居民点布局、人居环境整治、生态保护和历史文化传承等要素。同时，村庄规划作为国土空间规划中的一个独立单元，内含一套完整的编制审批体系、实施监督体系、法规政策体系以及技术标准体系，如图 1-3 所示。

在宏观层面编制的国土空间规划是谋划地方各级国土空间总体布局的纲领性文件，村庄规划则是可操作的规划蓝本，回答当地村庄发展的总体思路，并对来自不同条线

---

① 安国辉，等．村庄规划教程［M］．2 版．北京：科学出版社，2016.

② 陈芳惠．村落地理学［M］．台北：五南图书出版公司，1984.

③ 朱孟珏，周家军，邓神志．村庄规划与相关规划衔接的主要问题及对策——以从化市村庄规划为例［J］．城市规划学刊，2014（z1）：59-63.

④ 张艺．博罗县村庄规划实施问题及对策研究［D］．广州：华南理工大学，2022.

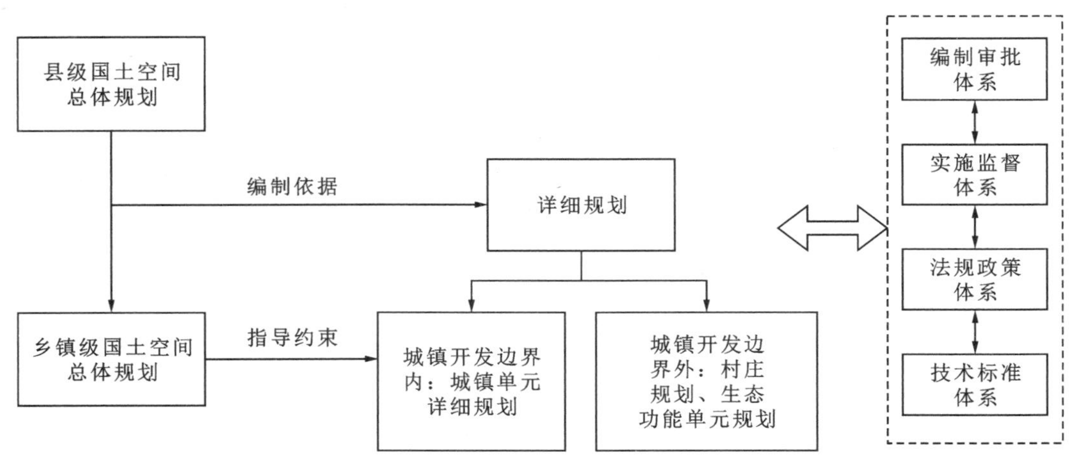

图 1-3　村庄规划横纵关系简图

的专项工作进行规划整合和统筹，以指导乡村振兴各项资金、项目、计划能够更精准高效地落地。

第三节　村庄规划的发展历程及现代内涵

一、新中国村庄规划的探索与发展

新中国成立以前，我国乡村建设无特定的规划，由村民根据生产生活需要自发建设；新中国成立以后，随着经济的发展，我国乡村地区的政策体系不断建立和完善，村庄规划也随之经历了一系列变革。根据规划目标及内容的不同，笔者将新中国成立以来的村庄规划分为四个阶段。

（一）萌芽阶段（1949—1978 年）

新中国成立后，我国村庄规划逐步从传统的村庄建设中独立出来，作为村镇规划的内容之一，由国家政策引导村庄建设工作，此阶段主要是以恢复农村生产、建设基础设施为核心。但是，这一时期国家规划与建设的重点和重心均为城市，所以村庄规划的作用较弱。1958 年，农业部发出有关通知，要求对人民公社进行全面规划，我国乡村地区开启了以人民公社为研究对象的建设规划，但规划大多不符合当时农村经济发展，规划工作搁置不前。直到 20 世纪 70 年代末期，在“农业学大寨”战略的引领下，村庄规划和建设才真正步入正轨，并为下一阶段社会主义新农村的建设打下了基础，但是，此阶段的村庄规划缺乏相应的法律规范和标准，呈现自发、分散的特点①。

① 温锋华．中国村庄规划理论与实践［M］．北京：社会科学文献出版社，2017.

（二）探索阶段（1979—2007 年）

改革开放后，我国经济与社会发展进入了全新的历史阶段。在此阶段，以家庭联产承包责任制为代表的农村经济改革极大程度上推动了农村经济的复苏，农村地区掀起了建房热潮。为了规范农房建设，国务院于 1982 年颁布《村镇建房用地管理条例》，我国村庄规划从此进入法治阶段。随后，1993 年，国务院发布《村庄和集镇规划建设管理条例》，紧接着，1994 年，建设部下发《村镇规划标准》，各省市陆续编制了相应的地方性法规和标准，我国乡镇层面的法规体系初步建立。2005 年，十六届五中全会提出“建设社会主义新农村”，并由此触发了各地方政府主导、社会广泛参与的乡村建设和规划实践①。村庄规划在实践中不断探索，并逐步形成村庄规划和规范体系。

（三）发展阶段（2008—2017 年）

进入 21 世纪后，城乡发展差距拉大，城乡二元结构为我国社会经济发展带来了巨大的挑战。为了加强城乡规划管理，协调城乡空间布局，促进城乡经济社会全面协调可持续发展，2008 年《中华人民共和国城乡规划法》（以下简称《城乡规划法》）正式出台并实施，体现了新形势下对城市和乡村的规划编制要求，明确了村庄规划的法律地位。2013 年，中央一号文件明确提出“美丽乡村”新目标。2015 年，住建部印发了《关于改革创新全面有效推进乡村规划工作的指导意见》，指明规划应明确目标、统筹全域、“多规合一”，分区分类提出村庄整治指引。此阶段，村庄规划由城乡二元到城乡统筹，村庄规划迎来了快速发展的好时期，进一步提升了村庄规划的作用和地位。

（四）成熟阶段（2018 年至今）

党的十九大首次提出“乡村振兴”战略，提出分类推进乡村振兴，村庄规划成为实施乡村振兴战略的重要抓手。2018 年，自然资源部正式成立，构建了国土空间规划管理体系。在乡村振兴政策和国土空间规划管理的双向推动下，2019 年至今，国家相继出台《关于统筹推进村庄规划工作的意见》《关于建立国土空间规划体系并监督实施的若干意见》《关于加强村庄规划促进乡村振兴的通知》《关于进一步做好村庄规划工作的意见》等文件，大力推进“多规合一”的实用性村庄规划，编制能用、管用、好用的实用性村庄规划，随后全国各地陆续启动了村庄规划编制试点工作，村庄规划也逐步走上自上而下与自下而上相结合的发展模式，提升规划的实用性和群众的参与性，加强村庄规划、促进乡村振兴，成为村庄规划的两个新任务。

二、乡村振兴与村庄规划的经验借鉴

根据国际农业发展“四阶段论”（即农业的投入期、流出期、整合期、反哺期四个

---

① 罗海珑．乡村振兴战略下的浙江美丽乡村规划建设策略研究［D］．杭州：浙江大学，2020.

阶段[①])，乡村振兴是世界各地社会发展和农业发展的必经之路。国际上也对乡村振兴进行了许多尝试，虽然“乡村振兴”有不同的称谓，但它们却有着相似的背景、目标，并形成了各自的特色，为中国乡村振兴和村庄规划提供了借鉴。英国乡村规划的多元目标及对传统风格的维持；德国提出“城乡等值化”理念；日本在经历二战后，通过分阶段制定政策、法律，进行国民教育，发展“一村一品”，开展“农村振兴”，最终实现农业农村现代化和农民知识化[②]；韩国发起以“勤奋、自助、合作”为宗旨的“新村运动”，通过调整农业结构、兴修基础设施、普及国民教育等举措促进收入水平、乡村文明程度和城镇化水平的提高[③]。

（一）英国：保留传统、注重融合的村庄规划

英国的乡村规划，在空间规划体系中属于地方层面的下位规划，同时也是一个包含产业发展、林业与农地保护、建成区建设、景观保护等多方面的综合性规划。它包含以下四个目标：提供粮食安全，促进乡村居民的社会福利，保护乡村环境，丰富乡村休闲娱乐，涵盖了乡村发展的各个方面[④]。同时，在规划中非常注重传统风格的维持，并将其融入整个村庄的发展环境，最大限度地减少商业用地以强化村庄景观；鼓励村民结合自身兴趣提出规划意见，提升人们的归属感。在划分新的建设用地时，会尽量使其落在建成区以内或靠近建成区，一般是居民区或公共设施集中的地方，这一模式被称为“嵌入式发展”。这种规划方式在极大程度上保留了英国各乡村的独特风格，为我国村庄规划提供了借鉴经验。

（二）日本：“一村一品”与“造村运动”

日本的国土规划体系主要分为国家、区域和地方三个层级，其中地方又分为都、道、府、县（相当于中国的省与自治区）和市、町、村（相当于中国的地级市、镇、村）两个层级，就村一级而言，日本制定了一系列政策法规。其中最有成效的就是20世纪70年代开展的“造村运动”，在这期间，最具代表性的探索就是“一村一品”运动，其主张依靠自己的创意和努力，挖掘、发挥和灵活利用地方的潜在资源与潜在能力，使每个村都拥有至少一种独具特色的农产品或其他商品。在这一过程中，不断形成村庄特色文化、产业等，通过优化村庄规划格局，实现“造村”功能[⑤]。日本“造村运动”更关注农村产业的潜力和内生的动力，强调各自特色资源的综合利用和发展，提倡不同乡村走不同道路，实现乡村多样化和多元化的发展。

---

① 何君，冯剑．中国农业发展阶段特征及政策选择——国际农业发展“四阶段论”视角下的比较分析［J］．中国农学通报，2010（19）：439-444.

② 谭海燕．日本农村振兴运动对我国新农村建设的启示［J］．安徽农业大学学报（社会科学版），2014（5）：25-28，92.

③ 胡世前，毛雪雯．治理理论视角看韩国新村运动［J］．甘肃行政学院学报，2011（1）：22-31，118.

④ 冷炳荣，易峥，钱紫华．国外城乡统筹规划经验及启示［J］．规划师，2014（11）：121-126.

⑤ 陈磊，曲文俏．解读日本的造村运动［J］．当代亚太，2006（6）：29-35.

（三）韩国："新村运动"

韩国的"新村运动"是一次由政府主导的、农民自主参与的、全国性的、调整城乡经济结构的战略性运动。韩国的村庄规划总体经历了三个阶段。开始阶段由政府主导，支持农民、农业、农村各个方面的发展，把工作重心放在"改善乡村环境，提高农民收入"的目标上。第二阶段，把权力下放，建立了许多民间组织，赋予农民自主权去建设自己的家园，让农民养成自主建设的意识，主动承担统筹城乡发展的责任，让更多的人参与"新村运动"的建设。最后，开展"一社一村运动"，鼓励企业对村庄进行帮助与扶持。"新村运动"中，韩国在低财政投入的情况下，通过激发农民自身的潜力，实现了公众参与村庄规划的目标①，提升了村民的积极性与创造性，促进了农村跨越式发展，缩小了城乡之间的差距，取得了非常好的乡村发展成效。

三、"多规合一"实用性村庄规划

（一）村庄规划的特点

作为国土空间规划的基础层级，村庄规划具有实用性、综合性、法定性、实施性以及公众参与性五大突出特点。

第一，实用性。实用性是指在乡村振兴战略推进过程中，乡村规划方案的制定更加因地制宜、符合乡村振兴的需要，使乡村振兴发展落到实处。村庄规划在用地布局、项目安排、弹性引导等方面为乡村振兴提供一些支持和保障，服务于田园综合体、特色田园乡村建设、和美乡村建设等实践，使村庄规划更具有现实意义与社会价值，同时也是村庄规划实用性的体现。

第二，综合性。村庄规划是以城乡规划、国土空间规划、生态规划为物质支撑，以农业产业发展、农村社会发展规划为主线的综合性规划。村庄规划要整合村域层面的乡村规划，实现土地利用规划与城乡规划等的有机融合，不断统筹村庄发展目标、生态保护、耕地及基本农田保护、基础设施和公共服务设施建设布局等，编制"多规合一"的实用性村庄规划，具有很强的综合性。

第三，法定性。村庄规划是法定规划，是国土空间规划体系中乡村地区的详细规划，是开展国土空间开发保护活动、实施国土空间用途管制、核发乡村建设项目规划许可、进行各项建设等的法定依据。改革开放前，村庄规划都缺乏相应的法律规范和标准，呈现自发、分散的特点②。《城乡规划法》的实施，标志着传统的城市规划正式拓展到了乡村地域，明确乡村地区编制乡规划和村庄规划，村庄规划从行政法规上升到法律层面。

第四，实施性。行政村是国土空间规划体系中最小的行政单元，是各项规划的最

① 韩道铉，田杨．韩国新村运动带动乡村振兴及经验启示［J］．南京农业大学学报（社会科学版），2019（4）：20-27，156.

② 温锋华．中国村庄规划理论与实践［M］．北京：社会科学文献出版社，2017.

终落实点，村庄规划既是国家级、省级、市级、县级、乡镇级国土空间规划在乡村层面的贯彻落实，又须结合村庄具体建设项目的需要进行规划编制，对具体土地用途和村庄风貌等作出落地的安排。

第五，公众参与性。村庄规划关系到村域空间的整体规划，无论是村庄人居环境整治，还是产业发展安排，都需要村民的深度参与，所以在现阶段的实用性村庄规划体系中，要采用村民看得懂、接地气的表达方式，充分听取村民的诉求和意见，鼓励村民参与规划，编制村民认同的村庄规划。

（二）村庄规划的分类指引

为顺应村庄发展规律和演变趋势，结合市、县（区）、乡（镇）国土空间规划，充分衔接县（区）村庄布局成果，根据不同村庄的发展现状、区位条件、资源禀赋等，以行政村或自然村组进行分类。中共中央国务院印发的《乡村振兴战略规划（2018—2022 年）》将村庄分为集聚提升类、城郊融合类、特色保护类、搬迁撤并类四大类。

集聚提升类指现有规模较大的中心村和其他仍将存续的一般村庄，占乡村类型的大多数，是乡村振兴的重点。这一类村庄要么区位条件较好，要么基础设施较为完善，或者产业发展具有一定的基础。

城郊融合类指城市近郊区（不含城镇开发边界范围内）受城市（镇）地区较大辐射带动，能够承接城市（镇）外溢功能或共享城镇公用设施，具备向城镇地区转型的潜力的村组或村庄。

特色保护类包括两种类型：一是指省级以上已列入历史文化名村、传统村落、少数民族特色村寨的村庄；二是指具备申请历史文化名村和传统村落条件的村庄，以及具有一定的历史文化价值、自然景观保护价值或其他保护价值的村庄。

搬迁撤并类指大部分或全部位于交通不便、设施匮乏、饮水困难等生存条件恶劣的自然村，或者是生态环境脆弱、自然灾害频发地区的自然村，因文物保护、重大项目需要整体或局部搬迁的居民点，以及人口流失特别严重的村组或村庄。

村庄分类具有动态性和长期性，应及时回应经济社会发展条件变化带来的村庄空间发展的新需求，对村庄类型进行相应的动态调整。在地方，村庄规划的分类指引有些微调，以《江西省“多规合一”实用性村庄规划编制技术规程（试行）》为例，村庄被分为集聚发展类、整治提升类、城郊融合类、特色保护类、搬迁撤并类五类。

（三）村庄规划的任务和内容

“多规合一”实用性村庄规划应结合综合性、实用性和地域性等特征，在编制时应树立“政府管用、村委好用、村民实用”的目标，落实三区三线任务，围绕村庄规划的八大核心任务“国土空间总体布局、国土综合整治、产业发展指引、人居环境整治、历史文化及特色风貌保护、配套设施建设、安全与防灾减灾、近期建设行动”，目标导向与问题导向相结合，注重刚性与弹性相结合，推进全域综合整治，破解“人、地、钱”的瓶颈，建立乡村特色产业空间，传承与创新乡土文化，完善乡村配套设施建设，构建乡村社区生活圈，激发村庄建设与发展的内生动力，共同推动乡村振兴。

根据不同类型的村庄发展要求，按“分类菜单”确定村庄规划编制内容，做到“按需点菜”。基本内容是各类村庄都需要编制的，可选内容则根据村庄需要进行选择性编制。

相邻或若干个连片行政村进行联合编制的村庄规划，应突出资源共享、设施共建、产业共兴、品牌共塑理念，发挥资源叠加效应，解决空心村资源闲置、空间布局零碎等问题，实现资源高效配置、空间高效融合。

第四节　本书结构和分析框架

本书突出的特点主要是选取规划的本质范畴“保护与发展”或“严控与激活”来分析村庄规划，还涉及自然资源管理的总体思路，将规划的理论基础、核心范畴、政策工具及实践案例视为一个整体框架。本书的分析框架如图 1-4 所示。

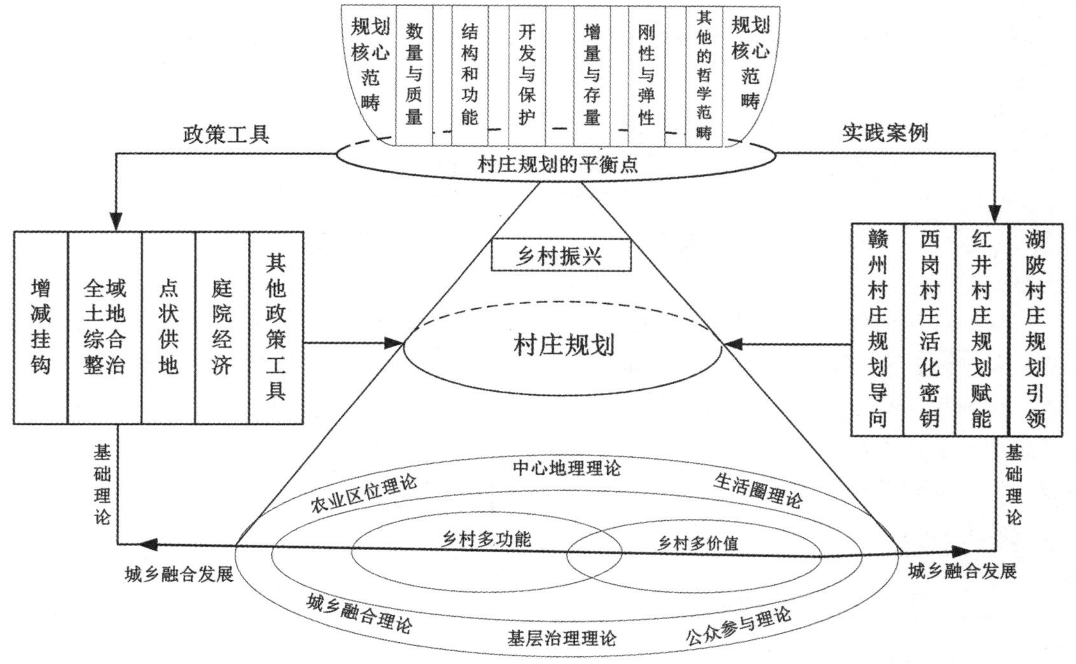

图 1-4　全书的结构与分析框架图

一、村庄规划的相关理论

规划理论是村庄规划编制的思想基础，其演进过程深刻反映了社会发展和城乡关系变迁的脉络。在我国，村庄规划的思想起源可以追溯到传统风水学。古人以理想化的风水格局指导居住环境的选址、规划与建设，风水理念成为中国古代村庄规划的重要观念和基本范式。此外，血缘关系与宗法制度也在村庄的空间结构和社会功能中扮演了关键角色，构成了传统村庄规划的重要组成部分。

自 18 世纪起，西方村庄规划思想逐渐传入我国，对规划理念产生了重要影响。例如，罗伯特·欧文提出的“协和村”设想，以及滕尼斯的“共同体”理论，启发了中国乡村规划对社会关系与集体精神的重视。此后，中西方思想的碰撞交融推动了现代村庄规划理论的形成。尤其是杜能的农业区位论、克里斯塔勒的中心地理论和生活圈理论，为我国村庄空间布局和功能划分提供了科学依据，奠定了现代村庄规划的理论基础。

随着我国社会经济的快速发展和城乡一体化进程的推进，村庄规划的理论体系逐渐从传统向现代转变。20 世纪，马克思主义城乡关系理论、新型城镇化理论以及可持续发展理论开始影响我国乡村规划的实践。特别是改革开放以来，村庄规划逐步融入了科学规划、生态优先、以人为本的现代理念，这种理念不仅继承了传统文化的精髓，还吸收了国外先进的规划思想，为我国乡村振兴提供了坚实的理论支持。

2017 年，党的十九大正式提出“乡村振兴战略”，这是新时代我国“三农”工作的总抓手，也是村庄规划的重要指引。乡村振兴战略对村庄规划提出了更高要求，即实现乡村产业兴旺、生态宜居、乡风文明、治理有效、生活富裕的总目标。这意味着村庄规划不再局限于单纯的空间布局，而是要综合考虑经济、社会、生态、文化等多维因素。

2024 年 7 月，二十届三中全会提出了加快推进城乡融合发展的重要任务，这一战略对村庄规划的编制和实施提供了新的指引。城乡融合发展是实现共同富裕和乡村全面振兴的关键路径，强调通过优化资源配置、强化城乡要素流动和缩小城乡差距，推动城乡发展，实现从“二元割裂”到“统筹融合”的转变。在这一背景下，村庄规划需要充分吸纳城乡融合理念，构建更加科学、开放和适应发展的规划体系。

从传统风水学到现代西方规划思想的引入，从 20 世纪的马克思主义城乡关系理论、新型城镇化理论和可持续发展理论，到新时代的乡村振兴战略和城乡融合发展任务，我国村庄规划理论经历了从传统到现代、从局部到系统的演进。这一过程既体现了理论对实践的指导作用，也展现了规划实践对理论发展的反哺。在城乡融合与乡村振兴战略的双重驱动下，我国村庄规划必将在理论与实践的双向互动中持续创新，为实现农业农村现代化贡献更大的力量。

二、村庄规划的核心范畴

范畴是指一类事物、概念或对象所具有的共同属性或特征的集合，通过对事物进行分类、归纳和概括的方式，帮助我们理解和组织复杂的现实世界。

（一）数量与质量

质量是数量增加的前提，数量是质量提高的延伸。土地数量总体有限，村庄土地数量的管护存在众多约束性指标，包括永久基本农田保护面积、生态保护红线规模、村庄建设用地规模等。为了保证村庄规划的长期性，不仅要求土地资源在数量上得到保证，同时必须在质量上有所保证，只有具备一定质量的数量才是可靠的保障。在村庄规划中，对土地资源质量与数量的双重管护旨在提升土地资源的利用效率，土地资源质量体现了土地的综合属性，体现在农业生产生活生态用地的各个方面，包括土地利用质量、土地生态质量等。

（二）结构与功能

在村庄规划中，结构决定功能，功能反作用于结构，优化结构、提升功能对于提高土地利用效率、促进区域可持续发展具有重要的理论价值。结构与功能的平衡不仅能划定生产、生活、生态空间开发管制界限，落实用途管制，而且能推进乡村重构、功能转型，并最终实现乡村社会经济的可持续发展。

（三）开发与保护

保护是开发的前提，开发是保护的目的。村域空间资源的复杂性、脆弱性和可持续性①决定了必须进行保护式开发。村庄规划必须充分考虑村庄发展两方面的需求，一方面，村庄的发展需求是村域资源开发的驱动力，包括土地开发、资源开发、产业开发等；另一方面，只有在保护村庄天然资源的前提下，才能实现真正的乡村振兴，保护是进行可持续开发的根本，保护包括村庄生态保护、乡村文化保护、乡村特色保护等。

（四）增量与存量

增量可以推动存量的发展，存量可以创造更多的增量机会。从该范畴视角出发，可以将村庄规划分为增量规划与存量规划。增量规划通常是指开发新的土地资源来满足用地需求，包括扩张建设边界、独立选址等。除了扩张增量满足用地需求外，还能够结合存量盘活的方式实现土地供给。存量规划则是指合理利用已有的土地资源，对空间内部现有土地实行精细化管理和协调优化配置。

（五）刚性与弹性

国土空间规划管制旨在通过规范单体土地利用行为，优化整体国土空间格局，具有明确的强制实施的刚性特征，主要包括制度刚性、规模刚性和空间刚性三种。科学的国土空间规划在保证实施刚性的同时，应结合社会经济发展与国土空间格局的动态供需关系变化，适当预留弹性管制操作空间，这与国土空间规划的空间留白和弹性机制一脉相承。国土空间用途管制的弹性主要体现在结构弹性、功能弹性、治理弹性三个方面。

规划范畴是相对的，依据具体情况和分类目的而不同。时间与空间、现状与未来、供给与需求、整体与局部等几对规划范畴也是常见的思考范畴。

---

① Holling C S. Resilience and Stability of Ecological Systems［J］Annual Review of Ecology and Systematics，1973（4）：1-23.

三、村庄规划的政策工具

村庄规划是实现乡村振兴战略的关键环节，涉及多种政策工具。根据自然资源部办公厅发布的《乡村振兴用地政策指南（2023年）》，这些政策工具包括：科学推进村庄规划编制管理，确保规划的科学性和实用性，以适应乡村发展需求；加强建设用地计划指标保障，为乡村发展提供必要的土地资源支持；改进耕地保护措施，在保障粮食安全的同时，合理利用土地资源；完善增减挂钩节余指标跨省域调剂政策；通过政策手段，促进土地资源在不同区域间的合理配置；盘活集体建设用地，激发存量土地的利用潜力，提高资源开发利用效率。

此外，自然资源部办公厅在《关于加强村庄规划促进乡村振兴的通知》中提出了以下政策工具：优化调整用地布局，在不改变县级国土空间规划主要控制指标的情况下，允许对村庄用地布局进行优化调整；探索规划“留白”机制，预留不超过5%的建设用地机动指标，以适应乡村发展中的不确定性需求；强化村民主体和村党组织、村民委员会主导，确保村民在规划编制过程中的参与度和决策权；开门编规划，鼓励社会各界参与村庄规划，提高规划的质量和适应性。因地制宜，分类编制，根据不同村庄的特点和需求，制定相应的规划策略。

这些政策工具旨在促进乡村振兴，保障乡村用地需求，同时保护耕地和生态环境，实现可持续发展。通过这些措施，可以为乡村提供更加明确和灵活的规划指导，促进乡村经济、社会和环境的协调发展。

村庄规划中的政策工具还有增减挂钩、全域土地综合整治、点状供地、庭院经济、项目库、分区管制或引导、指标控制、名录管理、控制线等，本书主要选择了增减挂钩、全域土地综合整治、点状供地与庭院经济四个政策工具进行阐述。

四、村庄规划的实践案例

实践案例与村庄规划紧密相关，它们展示了政策工具在具体情境中的应用和效果。以下几个实践案例体现了村庄规划与政策工具结合的成果。

（一）赣州市村庄规划实践

结合赣州市村庄规划实践和调研情况，笔者思考提出推进实用性村庄规划“分级”“分类”“分版”“分步”“分层”五个方面的具体措施，更提出了管理实用、内容简化、成果简明、村民主体、编管结合的村庄规划导向。

（二）南昌市西岗村活化密钥与规划实践

以“两整治一提升”行动为基础，对整个片区进行整体规划、策划、景观设计，从芦笋产业规划到村庄整治和乡村运营，以“四融一共”为目标，综合打造西岗村“小芦笋、大希望”“梦飞田园”乡村振兴示范区。

（三）南昌市红井村的规划赋能案例

红井村作为兼具独特自然和文化资源的乡村，通过“一核两线三化”的规划思路，聚焦村庄的核心 IP——“知青故里、研学基地”，实现了文化资源的活化和经济水平的提升。该案例详细阐述了如何通过文化、规划赋能乡村的过程和方式，通过综合性和系统性的规划对乡村产业经济、社会文化和空间环境的整体发展带来实效。

（四）南昌县市湖陂村的规划引领“三新计划”实践

湖陂村地处抚河、青岚湖环抱的水岚洲，村中有 10 多亩水杉林、2700 亩连片稻田和几百亩菜地，是观鸟赏花的好地方。基于南昌市“两整治一提升”行动，为解决好村庄整治的难题，将路域环境、人居环境、特色产业三者深度融合，打造乡村建设样板。通过清理、拆除和盘活乡村闲置、破旧的宅基地资源，实施招引新村民、培育新农人、发展新业态的“三新计划”。围绕新村民、新农人的发展方向，建成欢喜岛、白鹭农场、青年旅社、村史馆、灵感书屋等乡创空间，长堤花海、七彩乡路、水杉秘境、岚洲门（绿荫时空隧道）等自然风光优美的“水岚十景”连珠成线，打造城市后花园。

这些案例表明，村庄规划不仅是对土地利用和空间布局的安排，也是对乡村发展策略和政策工具应用的具体实践。通过这些实践，可以更有效地实现乡村振兴的目标，同时保障生态保护和可持续发展。

另外，村庄规划的编制、实施、技术方法与成果也是村庄规划的程序性、技术性措施。村庄规划作为详细规划还包括技术工具的使用。除了具体软件工具的介绍外，本书还介绍了规划编制流程、分类指引方法、内容菜单等技术工具。村庄规划还包括村庄文本数据资料的收集与使用，以及在实际进行规划编制时会用到的地理信息系统，如 ArcGIS、MapGIS，在实操过程中，还需要通过绘图等技术手段达到规划目的。根据不同的规划需求，选取不同的政策工具及技术工具加以辅助。

— 本章小结 —

本章主要介绍了在中国式现代化的进程中，国土空间规划为推进中国式现代化提供了重要的国土空间保障，以及乡村振兴与村庄规划的密切关系。接着，围绕国土空间规划进行详细论述，包括国土空间规划体系的变革、主要内容以及村庄规划在国土空间规划中的重要地位。紧接着，以村庄规划为切入点，回顾我国村庄规划的发展历程，以及国内外乡村规划的经验借鉴。然后，论述和阐释了村庄规划的内涵、特点、村庄类别以及规划的任务与内容。最后，阐述本书的分析框架，以当前城乡融合战略需求为背景，探讨村庄规划的核心范畴、政策工具，并通过实践案例来回应理论、分析理论、升华理论。

— 关键术语 —

中国式现代化　乡村振兴　国土空间规划　村庄规划　多规合一　分类指引

— 复习思考题 —

1. 简述五级三类四体系的主要内容。
2. 论述村庄规划与国土空间规划的关系。
3. 简述实用性村庄规划的特点。
4. 论述村庄规划如何促进乡村振兴。

第二章 城乡融合与村庄规划相关理论

◆ **重点问题**

- 村庄规划的重点理论
- 各理论在村庄规划中的实际运用

规划理论是村庄规划编制的基础。我国村庄规划的思想根源可追溯至传统风水学①，古人通过理想化的风水格局对其居住环境进行选址、规划和营建，风水学说也成为中国古代村庄规划的重要观念和基本范式。随着时间的推移，血缘关系、宗法制度等村落社会关系逐渐在乡村规划中产生了影响。18 世纪起，罗伯特·欧文的“协和村”、滕尼斯的“共同体”等思想涌入国内②，中西方思潮的碰撞、交互，揭开了现代村庄规划理论的序幕，其中，杜能的农业区位论、克里斯塔勒的中心地理论以及生活圈理论为我国村庄规划奠定了深厚的理论基础。

随着工业化、城镇化进程的不断演进，村庄发展面临着空心化、人才流失、村庄用地结构不合理等问题。近年来，随着乡村振兴战略的提出，村庄规划的意义进一步凸显，基于城乡融合的大背景，重塑乡村性以及乡村的多功能与多价值理念被进一步强化。与此同时，以人为主体的村庄规划更加强调在规划过程中的公众参与，以此提升基层治理效能。

第一节 村庄规划的经典理论回顾

一、农业区位论（杜能圈）

农业区位论由德国农业经济学家杜能（J. H. von Thunen）在其出版的著作《孤立

① 刘磊. 中原地区传统村落历史演变研究 [D]. 南京：南京林业大学，2017.

② 张沛，张中华，孙海军. 城乡一体化研究的国际进展及典型国家发展经验 [J]. 国际城市规划，2014 (1)：42-49.

国》中率先提出，又被称为杜能农业区位论。杜能基于以下假设：地域是均质的、各向同性的；地域是封闭的；资源开发者承担运费和损失，自由竞争并力图获得最大收益；资源开发者相互独立并排除局部地区为自身消费而从事的产业与偶然因素的干扰；区域内只有一个位于中心的点市场，资源分布在整个空间给定价格的农产品中心市场①。从一个假想的、地理上孤立的城市出发，分析如何决定城市外围均质土地上的作物种植，推导出著名的"杜能圈"，如图 2-1 所示，从农业土地利用角度阐述了农业生产的区位选择问题。农业区位论指出农业土地利用类型和农业土地经营集约化程度，不仅取决于土地的天然特性，而且更重要的是依赖于其经济状况，其中特别取决于它到农产品消费地（市场）的距离。

杜能学说不仅阐明了市场距离对于农业生产集约程度和土地利用类型（农业类型）的影响，更重要的是它首次确立了对于农业地理学和农业经济学都很重要的两个基本概念：土地利用方式（或农业类型）的区位存在着客观规律性和优势区位的相对性。杜能的农业区位论被广泛地应用于农业生产以及村庄布局的规划中，根据具体地段的地形、气候和土壤特征、附近的水利、交通状况等，合理地确定土地利用方向和结构，确定哪些宜作农业或工业、水利、道路、民居等的用地，从社会效益、经济效益以及生态效益出发来探讨村庄规划最佳的空间结构。例如，在村庄规划中，距离城市最近的郊区多用于配置高度集约经营的用地，如菜地、园地等；随着距消费地距离的增加，可配置低度的集约经营用地，如一般耕地、设施农用地，直至粗放的林地和牧地。

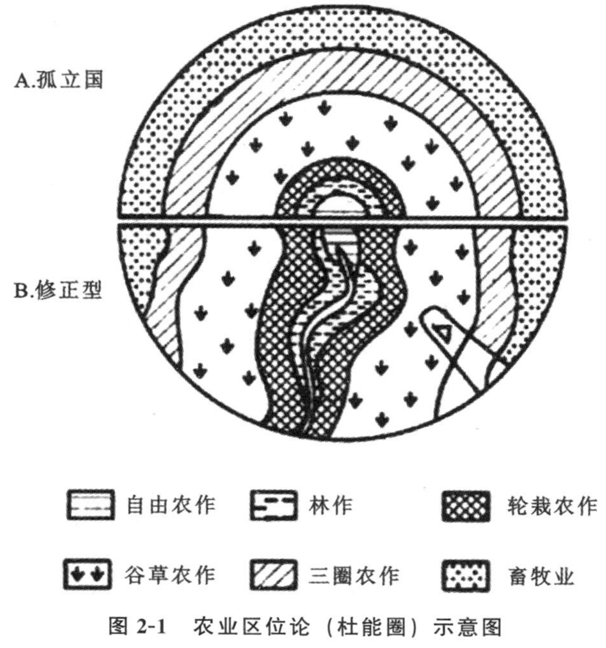

图 2-1　农业区位论（杜能圈）示意图

① 约翰·冯·杜能．孤立国同农业和国民经济的关系［M］．吴衡康，译．北京：商务印书馆，1986.

二、中心地理论（克里斯塔勒六边形理论）

中心地理论是由德国城市地理学家沃尔特·克里斯塔勒（Walter Christaller）在1933年出版的《德国南部中心地原理》一书中提出，系统地阐明了中心地的数量、规模和分布模式，将生产性经济地理要素和非生产性经济地理要素纳入人类经济活动之中，是研究经济和社会活动空间分布的里程碑式的成果。通过对德国南部中心聚落的大量调查研究，探讨了一定区域内城镇等级、规模、数量、职能间关系及其空间结构的规律性。克里斯塔勒指出一定区域内的中心地在职能、规模和空间形态分布上具有一定规律性，中心地空间分布形态会受市场、交通和行政三个原则的影响而形成不同的系统，并采用六边形图式对城镇等级与规模关系加以概括，每一点均有接受一个中心地的同等机会，一点与其他任一点的相对通达性只与距离成正比，而不管方向如何，均有一个统一的交通面。在不同的原则支配下，中心地网络呈现不同的结构，而且中心地和服务范围大小的等级顺序有着严格的规定，可排列成有规则的、严密的系列①。生产者和消费者都属于经济行为合理的人的概念，这一概念表示生产者为谋取最大利润，寻求掌握尽可能大的市场区，致使生产者之间的间隔距离尽可能地大；消费者为尽可能减少旅行费用，都自觉地到最近的中心地购买货物或取得服务。如图 2-2 所示。

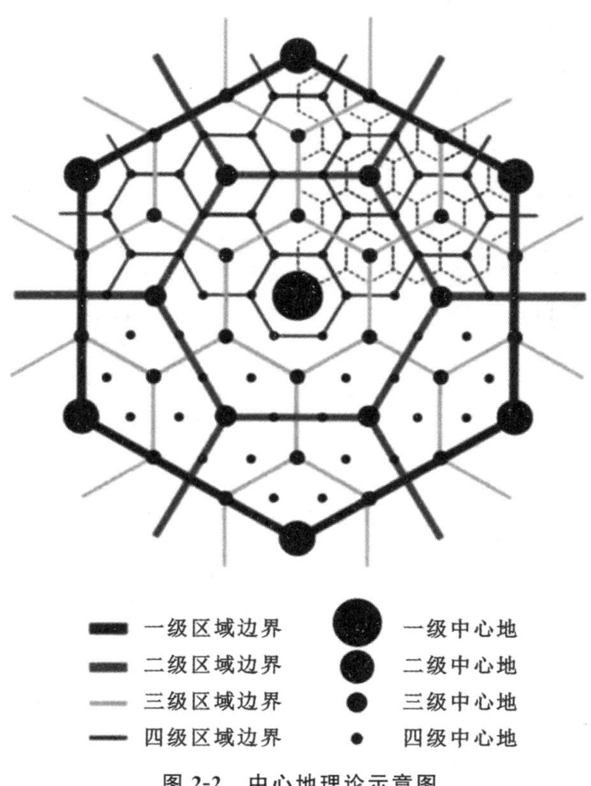

图 2-2　中心地理论示意图

---

① 马志和，马志强，戴健，等．“中心地理论”与城市体育设施的空间布局研究［J］．北京体育大学学报，2004（4）：445-447.

中心地理论在村庄规划中运用广泛，多数学者基于中心地理论，认为乡村服务中心作为最后等级的规划，为农业人口提供了更加便捷的市场服务①，王斯达在对云南省安宁市八街镇新农村进行村庄规划过程中②，运用中心地理论分析不同自然村聚落的分布，推动村庄规划更加注重整体性、多功能性以及整体层级的衔接性，实现村庄规划的可持续发展。

三、生活圈理论

“生活圈”的概念最早起源于日本综合开发计划提出的“广域生活圈”概念，而后这一概念在亚洲的韩国等国家与地区扩散，指的是居民为满足其生产、生活需求，出行时（包括购物、通勤与休闲）所形成的时空范围③，如图 2-3 所示。生活圈规划的核心是以人为本组织生活空间，作为均衡资源分配、保障社会民生、维护空间公正和组织地方生活的重要工具④，在实施上应注重自下而上、广泛的社会参与，吸收地方各利益团体形成实施合力，更加贴近共识性的行动规划。

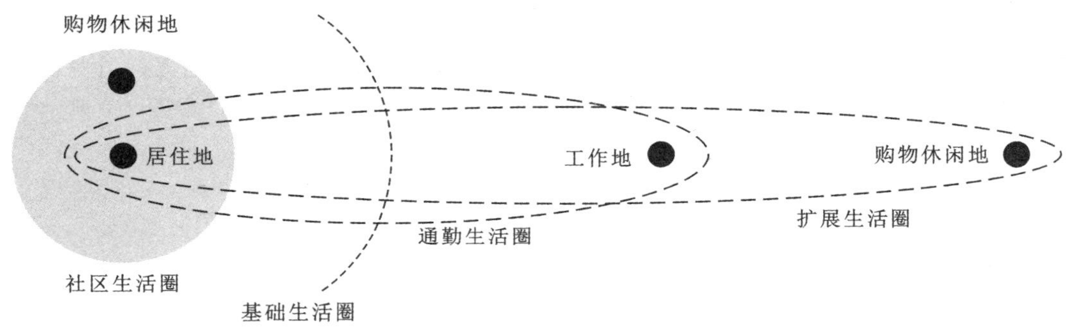

图 2-3　生活圈理论示意图

生活圈理论以人的生产、生活的现实需求作为出发点，研究居民出行的时空分布特征，并将其作为空间规划的依据，在村庄布局规划中具有一定的应用前景。张能、周鑫鑫等人在市、县域村庄规划中运用生活圈理论，尝试从区域层面化解农村尖锐的公共服务供需矛盾⑤⑥；葛丹东等人从生活圈的空间范围、内容体系、空间结构、公共服

---

① 宇林军，孙大帅，张定祥，等．基于农户调研的中国农村居民点空心化程度研究［J］．地理科学，2016（7）：1043-1049.

② 王斯达．基于 GIS 的中心地理论在新农村建设当中的应用——以云南省安宁市为例［J］．测绘与空间地理信息，2012（11）：152-154.

③ 肖作鹏，柴彦威，张艳．国内外生活圈规划研究与规划实践进展述评［J］．规划师，2014（10）：89-95.

④ 黄明华，吕仁玮，王奕松，等．“生活圈”之辩——基于“以人为本”理念的生活圈设施配置探讨［J］．规划师，2020（22）：79-85.

⑤ 周鑫鑫，王培震，杨帆，等．生活圈理论视角下的村庄布局规划思路与实践［J］．规划师，2016（4）：114-119.

⑥ 张能，张绍风，武廷海．“生活圈”视角下的村庄布点规划研究——以江苏金坛市为例［J］．乡村规划建设，2013（1）：75-84.

务资源配置、交通和产业布置六个方面探讨了乡村生活圈的营建思路[①]。传统方法难以摆脱自上而下的思维惯性，造成规划过程中对农民实际需求的忽视，新型城镇化背景下的村庄布局规划，应以统筹城乡发展为指导，着眼于农民的生产生活需求，基于生活圈理论的布局方法，以构建未来农村生活圈体系为导向，借助潜力评价、选址模型等成熟的技术手段实现村庄的合理布局。

第二节 城乡融合理论与乡村的多功能性

一、乡村性及乡村地域系统

"乡村性"（rurality）作为"乡村"（rural）的派生词，起源于18世纪，被定义为"之所以成为乡村的条件"[②]。乡村性是综合反映乡村发展水平、揭示村庄内部差异、识别乡村地域空间的重要指标[③]。中国是农业大国，从基层上看，中国社会是乡土性的[④]，在传统乡村社会的经济活动、社会结构以及生态环境等因素的共同作用，产生了大家可以回溯性认同的"乡村性"[⑤]。自新中国成立以来，社会经济不断发展，城乡两地经历了从城乡二元、城乡两栖再到如今的城乡融合三个阶段，城乡规划忽视了村庄的特殊性，背离了乡村的发展尺度，使得城乡之间的边界越来越模糊，城镇化将传统的乡土社会"连根拔起"[⑥]，村庄从"熟人社会"转向"半熟人社会"，乡村的价值被逐步边缘化，传统的乡村特性逐渐流失。在村庄规划的过程中，重塑的"乡村性"概念，一方面将村庄置于规划的本位之中，乡村叙事成为乡村规划的尺度，留住乡村在许多人心目中作为"驻留地""来源地"和"生活地"的特性[⑦]；另一方面，在城乡融合的背景下实现村庄升级，不断拓宽"乡村性"的外沿，实现城乡要素的双向流动，使村庄真正做到在区别于城市的基础上实现乡村振兴。

乡村地域系统是一个复杂、动态且多维的空间体系，它由自然环境、资源禀赋、区位条件、经济基础、人力资源和文化习俗等要素相互作用构成，具有特定的功能和结构。随着经济全球化、快速工业化和城镇化的发展，乡村地域系统的功能、结构和

---

① 葛丹东，梁浩扬，童磊，等．社区化导向下衢州芳村乡村生活圈营建研究［J］．现代城市研究，2021（10）：30-35.

② 龙花楼，张杏娜．新世纪以来乡村地理学国际研究进展及启示［J］．经济地理，2012（8）：1-7，135.

③ 李红波，张小林．乡村性研究综述与展望［J］．人文地理，2015（1）：16-20，142.

④ 费孝通．乡土中国［M］．北京：北京大学出版社，2012.

⑤ 贺瑜，刘扬，周海林．基于演化认知的乡村性研究［J］．中国人口·资源与环境，2021（10）：158-166.

⑥ 徐勇．"根"与"飘"：城乡中国的失衡与均衡［J］．武汉大学学报（人文科学版），2016（4）：5-8.

⑦ 贺瑜，刘扬，周海林．基于演化认知的乡村性研究［J］．中国人口·资源与环境，2021（10）：158-166.

空间格局发生了显著变化，呈现出由单一型农业系统向多功能型乡村系统，再到融合型城乡系统转型的特征。

乡村地域系统研究关注乡村发展格局与类型、乡村转型发展过程与机理、乡村性评价、乡村地域功能分化与演变、乡村重构、城乡融合与乡村振兴等多个方面。研究视角从“农业”扩展到“乡村”，研究对象由“乡村地区问题”转向“乡村地域系统”，更加关注城乡人口、土地、资金、技术等生产要素流动对乡村社会经济结构的影响。

在乡村振兴战略背景下，乡村地域系统区划研究旨在探究乡村地域系统的类型及其空间分布规律，为国家战略的落实提供科学基础与决策支持。研究基于人地关系地域系统理论和乡村地域系统理论，构建了包括资源禀赋、地理环境、人文社会和经济水平等方面的多要素指标体系，运用主成分分析法和聚类分析方法，对中国乡村地域系统进行了区划，识别了影响乡村地域系统可持续发展的主导要素，并提出了相应的乡村振兴策略。

此外，乡村地域系统的转型发展研究强调了在快速城镇化背景下，乡村地域系统作为人地关系地域系统的重要组成部分，其研究成为地理学的重要前沿领域。乡村转型发展和新乡村建设在东部沿海地区已进入一个新的时期，需要遵循乡村转型发展规律，科学规划和区域化，优化城乡用地，发展现代农业和乡村特色经济。

二、城乡融合理论

马克思恩格斯城乡融合理论产生于19世纪40年代，西方的工业革命和城市化进程为这一理论的诞生提供了现实的可能性。他们认为，城乡的发展趋势为以下四个阶段：城乡一体—城乡分离—城乡对立—城乡融合[①]。城乡的对立归根到底是城乡之间的利益冲突，城市凭借其资本和工业的优势不断侵袭乡村，打破了城乡之间原有的生存模式。但是，随着社会生产力的不断进步和人类社会的不断解放，城乡分离和对立最终都会消失，未来的社会不是城乡固化的分离，而是生产力高度发展之下城乡的融合。马克思恩格斯城乡融合理论在解释城乡关系的基础上，更加注重探索化解城乡冲突的良性机制，他们通过对城乡演进中互动和压制关系的勾勒，关注城乡互动演变的普适性和城乡历史的特殊性，用冲突变迁的理论视角探析城乡关系，寻求实现城乡融合的途径[②]。

城乡融合理论对我国乡村振兴以及村庄规划具有极大的指导意义，并在我国得到充分实践和发展。2019年5月，《中共中央 国务院关于建立健全城乡融合发展体制机制和政策体系的意见》提出，要以协调推进乡村振兴战略和新型城镇化为抓手，以缩小城乡发展差距和居民生活水平差距为目标，建立健全城乡融合发展体制机制和政策体系的意见。2022年10月，党的二十大报告指出，要全面推进乡村振兴，要坚持农业

① 白永秀，王颂吉．马克思主义城乡关系理论与中国城乡发展一体化探索［J］．当代经济研究，2014（2）：22-27.

② 刘先江．马克思恩格斯城乡融合理论及其在中国的应用与发展［J］．社会主义研究，2013（6）：36-40.

农村优先发展，坚持城乡融合发展，畅通城乡要素流动。2024 年 7 月，党的二十届三中会提出城乡融合发展是中国式现代化的必然要求，要坚持完善城乡融合发展体制机制。中华人民共和国成立后，我国城乡关系政策经历了从“城乡互动”到城市偏向下的“城乡兼顾”“城乡交流”“城乡协调发展”再到城乡均衡下的“城乡统筹发展”“城乡融合发展”的演变，其中“城乡兼顾”是一条主线，推动着我国城乡关系不断向融合发展的方向前进。何威风等学者认为村庄规划能够有效作用于城乡融合发展[①]，将村庄规划推进城乡融合的机制分为多元主体、综合整治、要素配置和风貌管控四个维度，将城市和乡村作为一个有机整体，共同存在城乡经济、社会以及生态融合功能。推进城乡融合，要坚持以人为本，从系统全局的视角认识和理解现代城乡关系，以打破历史和制度设计形成的城乡二元结构为出发点，着眼乡村建设，通过编制符合村庄发展实际、促进城乡进一步融合的村庄规划，使城乡居民都能够享受平等的权利和公共服务等，最终实现城乡差距最小化。

城乡融合思维指导下的村庄设计，应遵循以下几个原则。

（一）互补性原则

城郊融合类村庄的产业发展应补充城市发展中可能缺失的公共或专项服务功能，实现城乡功能的互补。

（二）共生性原则

乡村与城镇需要互为依托、共同生长，利用“城乡二元”土地制度的本质特征，使村庄与城市的发展紧密地“融合”为一体。

（三）差异性原则

城郊融合村之间应有产业定位的差异性，避免相邻村庄产业同质化，导致市场需求饱和。

（四）地域性原则

在城乡融合的同时，要强调村庄所在地区的独特文化，保持与城市在生态环境、生活气氛、空间尺度关系和建设强度上的明显差异。

（五）城乡一体化规划

村庄规划应与城市发展紧密结合，实现城乡基础设施统一规划、统一建设、统一管护，以及城乡基本公共服务的普惠共享。

---

① 何威风，苏丽艳，杨凤姣，等．面向城乡融合发展的村庄规划承载内容和路径［J］．农村经济与科技，2022（13）：130-133.

（六）利益平衡

在编制城边村规划时，要解决村民、政府、投资商三方的利益分配问题，确保个体农户的“一户一宅”政策落实，以及村集体经营性建设用地与投资商合作后的年收益公平分红。

（七）纳什均衡

在城边村建设用地容积率增值利益的分配中，要形成各系统要素的利益最大化前提下的系统平衡，确保博弈各方认同并遵守“纳什均衡”。

（八）综合改造

城边村的改造应保留乡村土地属性，推进农村土地制度改革，是实施“乡村振兴”战略的新尝试。

（九）实现条件

城乡融合发展需要生产力发展提供的物质基础和生产关系变革提供的社会基础，包括全社会劳动生产率的提高、产业交叉融合、科技进步等。

（十）目标取向

城乡融合发展的深层次目标是消除私有制条件下城乡分离与对立造成的人的束缚，使全体社会成员共享社会财富，实现人的全面发展。

通过上述原则，可以更好地实现城乡融合，推动乡村振兴和农业农村现代化，缩小城乡发展差距，实现城乡居民的共同富裕。

三、乡村多功能与乡村多价值

乡村多功能理论是西方发达国家的乡村发展经历了生产主义和后生产主义范式主导下的两个阶段产生的一种新的理论，即乡村发展不应限于农业生产功能，还应涵盖经济功能、社会功能、生态功能、文化功能以及治理功能等[①]。除了认识村庄的功能，村庄规划还必须把握好乡村的价值特征，2018 年，中共中央、国务院发布的《实施乡村振兴战略的意见》指出，坚持乡村全面振兴，要准确把握乡村振兴的科学内涵，挖掘乡村多种功能和价值。乡村多功能多价值的理念应运而生[②]，乡村功能是价值的载体，价值是乡村功能的深层表达，乡村具有城市无法替代的价值，聚焦发挥乡村的生产价值、文化价值、生活价值、生态价值以及治理价值五大价值，主要需思考五个方

① Wilson A G. The Spatiality of Multifunctional Agriculture: A Human Geography Perspective [J]. Geoforum, 2009 (2): 269-280.

② 朱启臻．乡村价值再发现［M］．南昌：江西教育出版社，2022.

面：一是巩固乡村农业生产价值；二是拓宽乡村文化价值；三是发挥乡村的生活价值；四是提升乡村生态价值；五是加强乡村治理价值。

乡村多功能多价值理念为我国乡村振兴、村庄规划提供了坚实的支撑，在村庄规划的实践中，有学者将乡村的多功能与多价值理念运用于村庄规划的评价之中①，根据乡村的各大功能与多元价值构建规划的评估指标体系，用于评价规划的合理性、适应性与可行性。在规划中挖掘乡村的价值属性，农业的生产功能是乡村价值的第一位，在保留村庄传统的农业生产功能的基础上最大限度保留乡村风貌，实现村庄生产价值、文化价值、生活价值、生态价值以及治理价值等一体化发展。同时，乡村价值并不是固化的，而是与时俱进的，从传统的单一功能价值导向到多功能多价值发展导向，实现乡村规划为村民编制，乡村规划服务于乡村振兴。

第三节　基层治理理论与公众参与理论

一、基层治理理论

基层治理是国家治理的基石，基层治理是否有效，直接决定着国民经济与社会发展能否可持续发展、繁荣和稳定，乡村治理是国家基层治理的重要组成部分，是影响乡村长治久安的长期工作之一。随着脱贫攻坚任务如期完成、全面实施乡村振兴战略，乡村面貌发生了历史性变化，社会治理重心不断向基层下移，乡村基层治理取得了积极进展②。乡村基层是指乡镇及其以下的行政管辖区域，包括乡镇和行政村两个层次。从文献资料来看，绝大多数学者都是把乡村基层治理定位于村级治理，即行政村范围内的治理。国家力量在村庄内部结构及其日常运转模式变化中起到了加速推动的作用③，党的十八大以来，党对“三农”工作的领导更加有力有效，到2021年，帮助农村成功消灭绝对贫困，农村生产生活条件得到明显改善，农民生活水平显著提高，为村庄有效治理提供了良好的基础。

乡村基层治理是国家治理的基石，也是乡村振兴的基础，实施乡村振兴战略，必须坚持规划先行，而对于村庄规划而言，紧扣村级基层治理理论可以提供更开阔的视角。村庄规划是乡村地区实现村庄治理的重要抓手及政策工具，在国土空间规划体系改革、乡村振兴战略实施的双重背景下，学者们面向实施治理的规划编制路径，进一

① 骆虹莅．基于乡村多元价值的实用性村庄规划编制理念与思路重构［J］．农村经济与科技，2024（4）：59-62.

② 王俊程，胡红霞．中国乡村治理的理论阐释与现实建构［J］．重庆社会科学，2018（6）：34-42.

③ 易仁利，谢撼澜．基层政府治理资源的支配模式与逻辑机理——基于“资源—支配”理论的乡村关系［J］．领导科学，2022（2）：98-102.

步提出“自治、法治、德治”相结合的“三治融合”①、多中心主题共同参与村庄规划的路径②，以实现两者内在逻辑及治理手段上的统一性。通过融合管控与自治，采取互动、沟通、平等、互嵌的治理形式，形成共同意识和统一行动，增强村庄规划的包容性与持续性。

二、公众参与理论

广义上的公众参与不仅指公民参与政治，还必须包括所有关心公共利益、公共事务管理的人的参与，要有推动决策过程的行动。狭义上，公众参与是公众参与政策的表决活动，即由公众参与推动决策的过程，这是现代民主政治的一项重要指标③，也是现代社会公民的一项重要责任。在村庄规划中的公众参与指政府为之服务的主体民众参与村庄规划的制定和实施，保证规划行为的民主与科学，使规划更能符合实际情况并切实体现广大人民群众的利益要求，确保规划工作的成功实施。公众参与村庄规划实质上是政府和民众之间的一种双向交流，其目的是集思广益，使政府关于村庄的规划和建设能被当地民众认可和接受，以此来提高项目的社会、经济和环境效益。

随着治理升级以及公众综合素质的提高等，《住房和城乡建设部关于在城乡人居环境建设和整治中开展美好环境与幸福生活共同缔造活动的指导意见》提出“共同缔造”的理念，要最大限度激发居民的“主人翁”意识，发动群众“共谋、共建、共管、共评、共享”，最大限度地激发人民群众的积极性、主动性、创造性，提升人民群众的获得感、幸福感、安全感。“共同缔造”是借用“参与式规划”理念提出的。在村庄规划的实践中，往往需要通过村民代表大会等形式动员村民参与规划的行动，广泛收集村民意见，共同绘制村庄规划蓝图。“共同缔造”是共同参与的更高阶形式，能够充分调动人的主体性和创造性。多元主体参与的“共同缔造”，让村庄规划更能体现以人为本的理念和思想，达到人、自然和社会的和谐统一。

— 本章小结 —

本章主要介绍了村庄规划的基础理论，包括村庄规划的几大理论：农业区位论、中心地理论以及生活圈理论；村庄规划实际中产生的新视角，包括村庄的乡村性、村庄的多功能与多价值以及城乡融合理论；再到以人为本的村庄规划的理论论述，对基层治理理论和公众参与理论进行论述，强调人作为关键主体在村庄规划中的重要作用和作用方式。

① 孔波．“三治融合”背景下村庄规划编制的应对研究［J］．城市建设理论研究（电子版），2023（33）：10-13.

② 王健，刘奎．论包容性村庄规划理念：融合管控与自治的治理［J］．中国土地科学，2022（8）：1-9.

③ 蔡定剑．民主是一种现代生活［M］．北京：社会科学文献出版社，2010.

— 关键术语 —

乡村性　村庄的多功能与多价值　城乡融合　基层治理　公众参与理论

— 复习思考题 —

1. 简述中心地理论的内涵。
2. 谈谈你对规划的核心范畴的理解。
3. 谈谈你对乡村性的认识。
4. 简述村庄规划的政策工具。

第三章
村庄规划的核心范畴（一）

◆ **重点问题**

- 村庄规划中数量与质量的关系
- 村庄规划中结构与功能的关系
- 村庄规划中开发与保护的关系

范畴是指反映客观事物的普遍本质的基本概念，是把事物作归类整理所依据的共同性质，即范畴是事物种类的本质。通过对事物进行分类、归纳和概括的方式，帮助我们理解和组织复杂的现实世界。规划范畴是指“结构与功能”等规划核心概念或对象所具有的共同属性或特征的集合，是对村庄规划编制过程、规划治理的本质思考。

在本章，我们对本书中提出的三对核心范畴，即数量与质量、结构与功能、开发与保护进行深度探讨。

第一节　数量与质量

数量是指事物的数量特征，即它的大小、数量等外在表现，质量则是指事物的品质、特性等内在属性。数量与质量在事物发展过程中相互转化、相互作用，也会相互制约。《全国高标准农田建设规划（2021—2030 年）》提出，到 2030 年，我国要建成 12 亿亩并改造提升 2.8 亿亩高标准农田，到 2035 年，全国高标准农田保有量和质量进一步提高。

一、村庄规划中的数量与质量

土地资源（特别是农用地和建设用地）的数量与质量、土地数量结构和质量结构等，是村庄规划（村庄结构优化）要考虑的核心内容。土地资源的数量是指土地的规模与面积，质量是指土地功能和作用产生影响的综合效应的水平，我国地类主要分为农用地、建设用地与未利用地三种类别，各类别对于土地的数量与质量有着严格的要求。

在数量层面，通过设置预期性指标和约束性指标（必须落实的）以保障土地的数量与规模，约束性指标强调底线思维，预期性指标强调规划目标，如表 3-1 所示，在农用地与未利用地方面，耕地保有量、永久基本农田保护面积、生态保护红线规模等是重点；而在建设用地方面，村庄建设用地规模、人均宅基地规模、村庄经营建设用地面积等是重点。在质量层面，通过科学的土地质量评价体系与指标来确定，评价的类别与评价目的紧密联系，根据评价的目的，可以分为纵向结构和横向结构，纵向结构可以分为质量评价、利用评价、经济评价、生态评价、生产潜力评价、风险评价等；横向结构可以分得更细，如农地评价、林地评价等。

表 3-1　部分省份村庄规划预期性与约束性指标（数量）要求

省份	预期性指标	约束性指标
江苏省	户数（户）	耕地保有量（公顷）
	户籍人口规模（人）	永久基本农田保护面积（公顷）
	常住人口规模（人）	生态保护红线面积（公顷）
	集体经营性建设用地规模（公顷）	新增宅基地户均用地标准（平方米）
	规划流量指标（公顷）	/
	建设用地机动指标（公顷）	/
河南省	常住人口数量（人）	村庄建设用地规模（公顷）
	村域建设用地总规模（公顷）	人均宅基地规模（m^2/人）
	湿地面积（公顷）	生态保护红线规模（公顷）
	林地保有量（公顷）	永久基本农田保护面积（公顷）
	公共管理与公共服务设施用地（公顷）	耕地保有量（公顷）
	新增建设用地规模（公顷）	粮食综合生产能力（斤）
	农村居民人均可支配收入（元）	/
贵州省	公共服务设施用地规模（公顷）	耕地保有量（公顷）
	基础设施用地规模（公顷）	永久基本农田保护面积（公顷）
	人均农村居民点建设用地面积（m^2/人）	生态保护红线面积（公顷）
	村庄绿化覆盖率（%）	村庄建设用地规模（公顷）
福建省	户籍人口规模（人）	耕地保有量（公顷）
	常住人口数量（人）	永久基本农田保护面积（公顷）
	村庄居住用地规模（公顷）	生态保护红线面积（公顷）
	农村生活垃圾收运处置体系覆盖率（%）	村庄经营建设用地面积（公顷）
	/	新增宅基地面积控制（平方米/户）

二、农用地与未利用地的数量与质量

（一）数量的控制

关于农用地与未利用地的数量，重要的概念包括耕地保有量、永久基本农田保护面积和生态保护红线规模。

1. 耕地保有量

耕地保有量是指在一定区域内，能够用于耕作的土地的总面积。耕地保有量是衡量一个地区农业生产能力和粮食安全的重要指标。在国土空间规划中，保证一定的耕地保有量是非常重要的，这不仅有利于保障粮食安全，也有利于保护生态环境和维持土地资源的可持续利用。

2. 永久基本农田保护面积

永久基本农田保护面积是指为保障国家粮食安全，按照一定时期人口和经济社会发展对农产品的需求，依据国土空间规划确定的不得擅自占用或改变用途的耕地。按照数量不减少、质量不降低、生态有改善、布局有优化的原则，以永久基本农田划定现状为基础，结合永久基本农田核实整改、重大战略实施等，确定规划期末永久基本农田的面积和布局。

3. 生态保护红线规模

生态保护红线是指在陆地和海洋生态空间具有特殊重要生态功能、必须强制性严格保护的区域。这包括水源涵养、生物多样性维护、水土保持、防风固沙、海岸防护等生态功能极重要区域，水土流失、土地沙化、石漠化、海岸侵蚀及沙源流失等生态极脆弱区域，以及其他经评估目前虽然不能确定但具有潜在重要生态价值的区域。

生态保护红线是保障和维护国家生态安全的底线和生命线，是调整经济结构、规划产业发展、推进城镇化不可逾越的红线，是健全生态文明制度体系、推动绿色发展的有力保障。

（二）质量的提升

质量上，农用地与未利用地的质量提升策略可以概括为农用地质量提升和未利用地功能复合两个方面。

1. 农用地质量提升

1）农用地整理

村庄农用地整理是指在一定区域内，依据土地利用总体规划及有关专项规划，采取行政经济、法律和工程技术措施对田、水、路、林、村等进行综合整治，以调整土地关系，改善土地利用结构和生产生活条件，增加土地有效供给量，提高农用地质量、土地利用率和产出率的过程。

根据农用地的类型和总体分布情况，安排低效林草地和园地整理、农田基础设施建设以及现有耕地提质改造、高标准农田建设等；将村庄零星耕地、永久基本农田周边的现状耕地、通过土地开发整理复垦形成的新增耕地纳入重点整理区域。整理后的耕地作为基本农田占用补划和动态优化的潜力地块。达到永久基本农田标准的整理后的耕地应纳入永久基本农田储备区管理。

在农用地整理方面，应突出耕地“三位一体”保护，适应发展现代农业和适度规模经营的需要，统筹推进低效林草地和园地整理、农田基础设施建设、现有耕地提质改造等，传承传统农耕文化，增加耕地数量，提高耕地质量，改善农田生态。主要从质量、数量、生态三方面进行农村耕地整治，增加耕地面积，提高耕地质量，优化和改善农村环境，推进农业现代化建设。

2）高标准农田建设

高标准农田是指通过土地整治建设形成的集中连片、设施配套、高产稳产、生态良好、抗灾能力强、与现代农业生产和经营方式相适应的农田[①]。高标准农田是正式通过土地整治建设，进而形成与现代农业生产和经营方式相适应的基本农田[②]。高标准农田建设主要内容包括土地平整灌溉与排水、田间道路、农田防护与生态环境保持及其他这些方面的工程。

高标准农田建设主要从三个方面进行。一是田间基础设施工程，包括田网、渠网、路网、电网等建设，以提高农田抗灾减灾能力、农田排灌能力和农机作业能力。二是地力建设工程，包括开展土地平整、土壤改良与地力培肥建设，实施秸秆还田、绿肥种植、增施有机肥等，以提高农田基础地力和农业生产能力。三是科技支撑工程，包括水肥一体化智能灌溉施肥、生长环境智能化监测和生产管理信息化农业物联网技术。

高标准农田建设通过综合性土地整治和现代化基础设施的完善，显著提升了农用地质量和农业生产能力。通过开展田间基础设施工程、地力建设工程和科技支撑工程，大幅改善了土壤结构与耕作条件，在提高农田综合生产能力的同时修复受损土壤生态系统，为生物多样性的恢复提供了条件，实现了土壤资源的高效利用和可持续发展，为现代农业高质量发展提供了坚实支撑。

2. 未利用地功能复合

村庄未利用地是指村庄农用地和建设用地以外的土地，主要包括盐碱地、滩涂、沙地、裸岩等荒地。这些地块应结合流域水土治理、农村生态建设与环境保护、滩涂及岸线源保护等，因地制宜地确定其用途。

---

① 王邵军．以高标准农田建设带动农业高质量发展［N］．光明日报，2023-04-10．

② 陈小龙，赵元凤，张海勃．大豆玉米带状复合种植模式与技术——以内蒙古为例［J］．中国农机化学报，2023（1）：48-52，64．

村庄未利用地的利用方向主要有三类：一是生态景观用地，通过改善水系、土壤施肥等手段达到适宜种植景观植物、再造生态湿地系统的目的；二是农用地，把低效农田变成高效高标准耕地，通过减排技术把盐碱地变成一般农地，甚至水浇地，或者通过挖塘及防渗处理把滩涂变成养殖鱼塘，把荒山、荒沙地变成果园或特种动物养殖林地、园地等；三是建设用地，根据生产和生活建设需要，配制合理的基础设施及公共公益设施。

坚持以国土空间规划为引领，规划、统筹未利用地，坚持节约集约利用。未利用地是资源，也是有限的，需要功能复合利用。

三、建设用地的数量与质量

（一）数量的控制

在建设用地方面，重要的数量概念包括村庄建设用地规模、人均宅基地规模和村庄经营建设用地面积。

1. 村庄建设用地规模

这是指在实用性村庄规划中，规定的村庄的建设用地的边界内的建设用地面积，通常是依据国家下发的村庄规划边界，同时基于土地的自然属性、环境因素、社区需求等多种因素综合考虑确定的。这个边界的设定，目的在于保护耕地和其他重要的土地资源，同时也对村庄的发展进行适度的限制和引导。

2. 人均宅基地规模

宅基地是指农村村民用于建造住宅及其生活附属设施的土地，包括住房、附属用房等用地。

《中华人民共和国土地管理法》第六十二条规定，农村村民一户只能拥有一处宅基地，其宅基地的面积不得超过省、自治区、直辖市规定的标准。人均土地少、不能保障一户拥有一处宅基地的地区，县级人民政府在充分尊重农村村民意愿的基础上，可以采取措施，按照省、自治区、直辖市规定的标准保障农村村民实现户有所居。

一户只能申请一块宅基地，然后在该地块上建房，这就叫作“一户一宅”。严格执行“一户一宅”和“户有所居”制度，合理确定宅基地规模，规划新申请的宅基地。在划定的宅基地建设范围内，宅基地面积不得超过所在地县级人民政府规定的面积标准，以江西省为例（《江西省农业农村厅 江西省自然资源厅关于规范农村宅基地审批管理的通知（2020）》），审批工作中，占用原有宅基地和村内空闲地的，每户宅基地不得超过 180 平方米；占用耕地的，每户宅基地不得超过 120 平方米；因地形条件限制、居住分散而占用荒山、荒坡的，每户宅基地不得超过 240 平方米。住房建筑面积不得突破 350 平方米，建筑层数一般不超过三层。市、县可以在以上限额内制定具体标准。

3. 村庄经营建设用地面积

经营性用地一般是指经营性项目的用地，经营性项目一般指商业、旅游、娱乐、金融、服务业、商品房等项目。在村庄规划中，要统筹安排商业、工业和仓储等集体经营性建设用地规划布局，做好存量集体经营性建设用地规划安排，严格控制新增集体经营性建设用地规模。

（二）质量的控制

农用地与未利用地的质量取决于农用地所能提供的农业产品、生态产业的质量，建设用地的质量同样取决于建设用地之上所产生的经济产品的质量。阿尔弗雷德·韦伯在1909年提出了工业区位论的最基本理论，又于1914年发表《工业区位理论：区位的一般理论及资本主义的理论》，对工业区位问题和资本主义国家人口集聚进行了综合分析①，从工业区位理论的角度阐释了产业集群的现象。至此，在理论上我们开始认识到通过建设用地集聚提升经济效率的必然规律。

建设用地集中配置与节约利用是指优化土地使用，实现高效、节约的土地利用。可以通过土地整治，合并零星的建设用地，形成集中的建设用地区，提高土地使用效率。在城市规划中，往往通过优先选择适合建设的土地，避免开发生态敏感区和高质量农田，减少对环境和食品安全的影响。实施严格的土地审查和审批制度，控制新的建设用地数量，鼓励使用已有的建设用地。

在村庄规划中，村庄建设用地整理是指以提高土地节约集约利用水平为目的，采取一定的措施对利用率不高的村镇用地、独立的工矿用地、交通和水利设施用地等建设用地进行整治的活动。将不予保留的各类破旧、闲置、散乱、低效、废弃的农村建筑或建设用地规划为非建设用的零星土地作为公共空间用于公共服务。明确建设用地整治类型、范围、建设用地减量化指标，集中对散乱、废弃、闲置的宅基地和其他集体建设用地进行整治，对有条件的地块鼓励优先复垦为耕地。整理项目主要包括农村宅基地整理、工矿和交通水利用地复垦利用等工程。

在村庄建设用地整理中，应根据土地利用总体规划、城镇建设规划和村镇建设规划的要求，科学编制农村建设用地的开发和规划，控制建新拆旧的规模，引导城乡用地的合理布局和土地利用结构的调整优化。在村庄建设用地整理、开发的过程中，要按照保护生态环境、提高环境容纳能力的原则，实施各项土地整理、开发的生物和工程技术措施。在有选择地保留民族、民俗等文化遗产时，要充分考虑农民的意见和建议，做到农村居民点的整理、开发与文化建设相统一。有序开展农村宅基地、工矿废弃地以及其他低效闲置建设用地的整理，优化农村建设用地布局结构，提升农村建设用地使用效益和集约化水平，支持农村新产业新业态的融合发展用地。

① 何龙斌．对西部地区承接国内产业转移热的几点思考［J］．现代经济探讨，2011（2）：61-64.

第二节　结构与功能

结构与功能范畴是揭示事物内部的构成方式和事物同环境相互作用的动态过程，并要求从结构和功能的相互关系上去考察事物。任何事物都具有一定的系统性，任何系统又都有一定的结构。结构是指系统内诸要素联系、结合的方式。功能是系统作用于环境的能力，一事物的功能总是在与环境的作用过程中表现出来的。

结构决定功能，在要素既定的条件下，一般来说，有什么样的结构就有什么样的功能。因此，我们在考察土地系统、乡村系统时必须注意考察系统的结构，并追求和建立优化结构，使系统发挥出最佳的功能；同时，我们还可以根据系统的内部结构来推测和预见它的功能。

功能反作用于结构。我们可以通过改变系统的输出功能来调整系统的结构，还可以从系统的功能来推知系统的内部结构。在研究乡村振兴和村庄规划的过程中，我们不能忽视两个基本概念：空间结构和空间功能。这两个概念是我们理解乡村空间和进行有效规划的关键。

一、村庄规划中的空间结构

空间结构，简单地说，是指空间中的各个元素如何组织和排列。在乡村空间中，这些元素可能包括建筑、道路、农田、水体、公共设施等。空间结构是乡村空间的基础，它决定了乡村空间的形状、布局和连通性。通过对空间结构的分析，我们可以理解乡村空间的组织模式，以及这些模式如何影响乡村的功能和发展。因此，空间结构对于乡村规划和振兴至关重要。

空间由形形色色的空间要素组成，关键的空间要素包括节点、流线、发展轴线与功能区等。

节点是指在空间结构中起到关键作用的地点，它是各种活动、事件或交通流线的汇聚点。节点的设置通常能提高空间的效率和便利性，同时也能促进社区的交互和凝聚力。节点往往与周边的空间要素区分开，起着凝结中心的作用，如戏台、广场、宗祠等。

流线是根据人的行为方式把一定的空间组织起来，通过流线设计分割空间，从而达到划分不同功能区域的目的。流线是指人、物、信息等在空间中的移动路径。在村庄规划中，流线可能是街道、步行道、自行车道或其他交通线路。流线的设计需要考虑交通的便利性、安全性以及环境的舒适性。同时，流线的设计也会影响到村庄的空间形态和风貌。

发展轴线是预设的空间发展路线，这条路线将决定乡村的发展方向，以及人口、经济活动、基础设施等元素的空间分布。发展轴线的设置通常会基于一些现有的自然或人文地理特征，如河流、道路、村庄、重要的文化遗址等。这些特征会成为规划者设定发展轴线的参考点。然后，规划者会通过设置一系列的空间政策和规划项目，来引导乡村沿着这条轴线发展。例如，规划者可能会在轴线上的某些重要节点设置公共设施或开发项目，以吸引人口和经济活动向这些节点聚集。同时，也会制定一些约束性的规定，以限制或引导乡村的空间扩展方向。

功能区是指根据其主要功能和用途划分的空间区域。功能区的划分需要考虑土地的适宜性、环境影响，以及各功能区之间的相互关系。在村庄规划中，按照最基本的功能划分为住宅区、商业区、工业区、农业区、公共设施区等，但现实的情况是，一个区域往往具备复合型的功能，不同的规划师会基于不同的理解进行功能区的划分。

各类要素的组成方式形成了村庄的空间结构，形成了不同的村庄形态（见图 3-1）。在村庄规划中，我们可以依据村庄的本底资源，通过调整空间结构去探索可能形成的空间功能。空间结构是空间要素的组成形式，是空间规划的直接作用对象，空间规划的核心内容就是空间要素在空间上的优化配置，在时间上的合理安排。

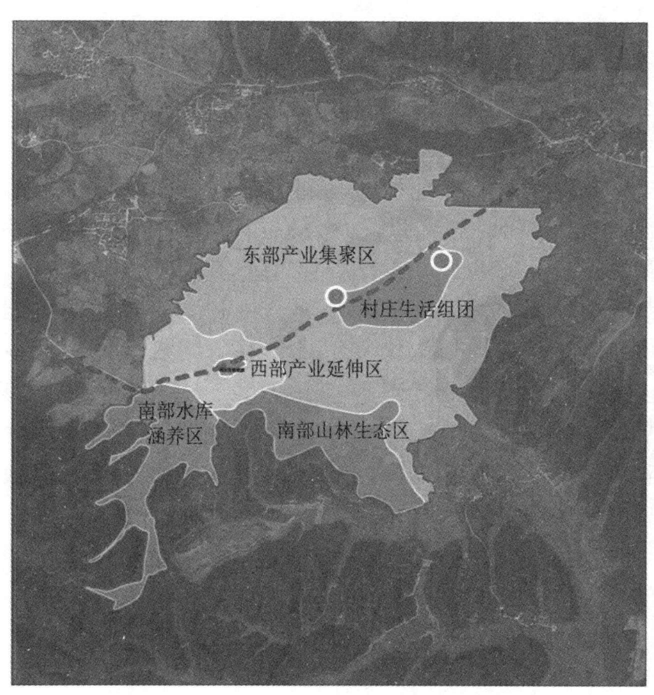

图 3-1　村庄规划结构与功能示例

二、村庄规划中的空间功能

空间功能是指空间可以提供的服务或满足的需求。在乡村空间中，这些功能可能包括生产（如农业、工业），生活（如住宅、娱乐），社交（如社区中心、公共广场）等。空间功能是空间的价值所在，它决定了乡村空间对村民生活的支持程度，以及乡村的发展潜力。

三、村庄规划中空间结构与空间功能的关系

空间结构和空间功能是相互关联的。一方面，空间结构决定了空间功能的可能性

和效率。例如，合理的空间布局可以提高农田的产量，便利的交通网络可以提高村民的生活质量。另一方面，空间功能也会反过来影响空间结构。例如，村民的生活和生产需求会推动乡村空间的调整和优化，生态保护的需求会引导乡村空间的合理布局。

空间功能是我们认识空间的价值引导。地域空间功能的建构，是规划目标设立的逻辑前提，而认识空间功能的前提，在于认识人类活动。随着人类生产生活活动的出现，自然生态系统形成了各种服务功能，例如，草原系统叠加了狩猎、牧业以获取肉食的生产功能，同时也出现了牧民和牧区的生活功能，与之相似，刀耕火种深刻地改变了地表自然生态景观，形成了农业生产地域功能和农村聚落生活的地域功能。而更为高强度改变自然生态地域功能的人类生产和生活活动，则分布在承载工业化和城市化过程的地域空间，矿业开发和工业布局形成工业基地，城市建设和扩张形成人口经济密集分布的地域。可以说，空间功能是人类活动的表征，并且随着人类生产生活活动的密集与深入，空间功能不断叠加着人类利用自然地表而出现的新地域功能，以此显现的空间运动过程，作为空间运动的自身规律来源，建构了空间规划的基础知识。

因此，空间规划的内涵在于协调多种自然生态和人类活动地域功能，在时空尺度上对其演变过程进行调控优化，满足既定的约束条件和特定的目标函数。由于演化过程的路径依赖性及突变发生的不确定性，动态过程的时间分异特征随着人地系统复杂性的提升而越来越凸显。面对复杂的、动态的空间运动情境，我们需要一个确定的、有序的概念来把握空间运动的过程，这就是空间结构。

按自然规律和经济规律来建立合理的空间结构是空间规划的关键所在。所以，科学认知地域功能及其空间要素的结构化组织是事关空间规划效力的核心。空间结构和空间功能的理论已经在多个学科中得到了广泛的研究和应用，包括地理学、城市规划、生态学等。乡村振兴与村庄规划中，借鉴这些学科的理论，以更科学、更全面的方式理解和分析乡村空间，不仅可以帮助我们更好地理解乡村空间的现状和问题，也可以为我们提供有效的规划和管理策略。

第三节 开发与保护

在乡村，保护是对耕地等自然资源的利用与转变性质进行管制，开发是针对乡村资源特性进行利用以实现乡村社会经济的发展。

开发是保护的动力和目标，保护是开发的条件和基础。只有在保护中才能实现可持续的开发，只有在开发中才能体现保护的价值。乡村的开发与保护也遵循这一规律，要坚持生态优先、绿色发展，在做好生态环境保护和移民安置的前提下，科学有序推进乡村建设，做到开发与保护并重、建设与管理并重。

一、在保护中开发、在开发中保护

习近平总书记提出的“绿水青山就是金山银山”的理念，就是要推动形成人与自然和谐共生的现代化建设新格局。2014 年 3 月，习近平总书记在参加十二届全国人大二次会议贵州代表团审议时对“绿水青山就是金山银山”进行解释时强调：为什么说绿水青山就是金山银山？鱼逐水草而居，鸟择良木而栖。如果其他各方面条件都具备，谁不愿意到绿水青山的地方来投资、来发展、来工作、来生活、来旅游？从这一意义上说，绿水青山既是自然财富，又是社会财富、经济财富。对于乡村来说，更是如此。

开发的实现是村庄发展的核心，这涉及资源的有效利用和开发。在当前国土空间规划与乡村振兴的双重背景下，乡村规划的内涵既包括发展方向的规划，也包括管控的要求。从发展角度来看，乡村规划需要将乡村振兴战略中的目标和任务转化为可行的实施方案，明确乡村产业发展的重点和路径，优化农村生产空间布局，打造乡村特色产业带，促进农村经济的稳定增长和社会发展的可持续性。同时，乡村规划需要注重强化农村基础设施建设，完善农村公共服务体系，提高农民生活水平，实现城乡一体化发展。

保护则是确保村庄资源可持续性的关键，包括环境的保护、生态的恢复以及村庄文化和生活方式的保持。从管控角度来看，乡村规划需要严格遵循国家的生态保护政策和永久基本农田保护要求，确保乡村资源利用的可持续性，防止乱占乱用耕地，加强对乡村土地的管理和保护以及对生态环境的保护。此外，乡村规划还需要加强对乡村建设和土地利用的管控，控制乡村建设用地的总量和规模，加强对土地利用的监测和评估，保障土地的合理利用和土地资源的可持续利用。

因此，在体系思维的指导下，乡村规划需要在发展和管控两个方面进行统筹规划，将发展和管控的要求有机结合起来，实现乡村可持续发展和生态保护的双重目标。

总之，“在保护中开发、在开发中保护”的理念，是一种追求村庄资源多元开发与保护并重的发展模式。这一模式强调的是在开发与保护之间寻找平衡，使村庄的经济发展、环境保护和文化传承等多重目标得以实现。村庄规划作用于开发与保护的机理见图 3-2。

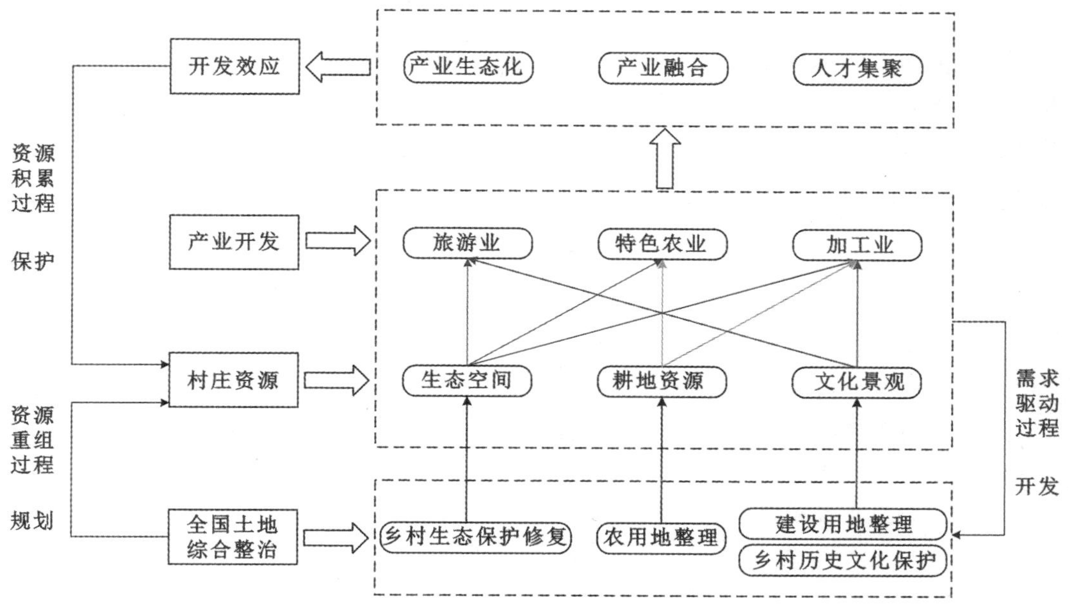

图 3-2　村庄规划作用于开发与保护的机理

二、村庄规划中的开发与保护

在当前城乡融合的大背景下，资本下乡、组织下乡、公共服务下乡等政策，为乡村带来了发展的机遇。开发与保护是乡村发展绕不开的话题，乡村资源的开发与保护既是一对矛盾范畴，但同时也可以寻找到契合点与共通点。如何在村庄规划中平衡开发与保护的关系，是我们进行村庄规划必须思考的问题。

乡村资源的特性决定了必须进行保护式开发。一方面，保护是开发的前提，只有在保护资源环境等乡村本底禀赋的基础上才能做到开发的可持续性；另一方面，乡村振兴战略必须解决发展问题。二十大报告提出，要坚持以推动高质量发展为主题，全面推进乡村振兴。开发村域空间资源是打造乡村发展内生动力，实现高质量发展的必由之路。

于乡村而言，保护是开发和发展的前提，保护是为了更好地开发。村庄资源是进行村庄开发的基础和前提条件，一旦破坏殆尽，村庄发展将失去依存的条件，也就无开发可言了。因此，保护是开发的前提，是当前的迫切任务。另一方面，开发是保护的必要体现。从可持续发展的角度看，资源保护归根结底是为了更好地发展。因此，村庄资源必须经过开发利用，才能发挥其功能和效益，资源保护的必要性只有通过开发才能体现。开发是村庄发展的先导，是村庄价值的充分体现。

因此，开发本身也意味着保护。同时，资源开发促进村庄发展带来的收益的一部分可以通过各种形式返回资源，用于资源环境的改造、基础设施和环境建设。在这个意义上，开发意味着保护。村庄开发，首要任务是明确村庄中资源的根本属性，依据村庄的三种基本功能，村庄的资源大致可以分为生态资源、农业资源、文化景观三种类型，三种资源对应着村庄的三种基本功能，不同资源的交叉利用是实现村庄功能的基础。

开发的实践需要在对资源有深入理解和科学认识的基础上进行。因此，村庄的规划和开发策略必须基于对村庄资源的全面调查和研究。例如，对于具有特色的农业资源，可以通过组织特色农产品生产、提供农事服务等方式进行开发；对于丰富的自然景观资源，可以发展乡村旅游，引导游客参与村庄的生活。

— 本章小结 —

本章深入研究了村庄规划的三对核心范畴：结构与功能、数量与质量、开发与保护，这些范畴是我们理解和解构村庄规划复杂性的关键工具。本章从理论的角度剖析了这些范畴的含义和重要性，详细探讨了它们在村庄规划中的应用和影响。在本章的最后点出，平衡是规划的本质，规划核心范畴经过国家与农民的平衡、中央与地方的平衡形成了村庄规划的编制背景，而村庄规划的最终任务正是实现城市与乡村的平衡。

— 关键术语 —

规划范畴　平衡　数量与质量　结构与功能　开发与保护

— 复习思考题 —

1. 村庄规划中的数量和质量的关系基础是什么？
2. 简述村庄规划中结构与功能的平衡关系。
3. 阐述村庄规划中“开发与保护”平衡关系的实践。

第四章
村庄规划的核心范畴（二）

◆ **重点问题**

- 村庄规划中的增量与存量
- 村庄规划中的刚性与弹性
- 村庄规划还包含其他什么范畴

在本章中，我们将深入探讨村庄规划如何平衡增量与存量、刚性与弹性的关系，以及通过关键概念的深入分析，如何更合理地开发和利用土地，以促进村庄的可持续发展。这一议题的核心在于理解和实施一种既能满足当前需求又能适应未来变化的规划策略，在范畴的延伸上，还可包含时间与空间、现状与未来、供给与需求等。

第一节　增量与存量

一、增量与存量范畴的内涵

“增量”与“存量”范畴强调在编制村庄规划的过程中，坚持动态平衡原则和集约利用原则。动态平衡原则表现为在编制村庄规划的过程中，在分析过去摸清现状（存量）的基础上，估算规划期内可能新增加的土地数量和土地需求量（增量），从供需双方进行反复平衡，一方面应根据计划安排的投资和消费需求来估算所需土地数量，另一方面从土地开发和节约以及调整土地结构提高其生产力的角度出发来估算土地的可能供给数量，直到两方面平衡为止。

建设用地是指建造建筑物、构筑物的土地，包括城乡住宅和公共设施用地，工矿用地，能源、交通、水利、通信等基础设施用地，旅游用地，军事用地等土地。村域范围内的建设用地包括宅基地、经营性建设用地、基础设施和公共服务设施用地等。

建设用地的“增量”与“存量”是土地利用规划的核心范畴之一，从该视角出发可以将土地分为增量土地和存量土地，将土地利用规划分为增量规划与存量规划。增量规划通常是指开发新的土地资源来满足用地需求，包括扩张建设边界、独立选址等。存量规划则是指合理利用已有的土地资源，对空间内部现有土地实行精细化管理和协调优化配置，以提升建设用地使用效率并确保乡村可持续发展。这一规划范畴更注重对现有空间结构的优化和升级，通过对既有土地进行集约利用来实现规划目标。

二、村庄规划中的增量与存量

（一）村庄规划的增量：独立选址

2020 年中央一号文件提出，省级制定土地利用年度计划时，应安排至少 5%新增建设用地指标保障重点乡村重点产业和项目用地，这类新增的建设用地往往要经过独立选址。独立选址是指在土地利用总体规划（国土空间规划）确定的城市和村庄、集镇建设用地区以外选址进行建设的建设项目用地，包括：能源建设项目；交通建设项目；水利建设项目；矿山建设项目；军事设施建设项目；防灾减灾建设项目等。道路、管线工程等基础设施建设项目用地大部分在城市和村庄、集镇建设用地区外，小部分在城市和村庄、集镇建设用地区内的，可以整体作为单独选址建设项目处理。

在乡村振兴战略的实施过程中，独立选址起着关键的作用。通过合理的选址，可以有效利用和保护农村资源，避免对农田、林地等重要资源的占用，保护农村生态环境，同时也可以提高农村建设的效率和质量，推动乡村经济社会发展。通过选址，可以实现对农村建设的科学规划和管理，为乡村振兴提供重要的策略工具。例如，可以通过选址，控制农村建设的规模和速度，避免农村建设的盲目扩张和过度发展。

在实践中，独立选址衍生出对新增建设用地使用的政策创新，除了与存量建设用地“减量化”挂钩外，浙江的做法（详见《浙江省国土资源厅等 9 部门关于开展“坡地村镇”建设用地试点工作的通知》）是按照项目独立选址要求，探索建立休闲农业与乡村旅游新增建设用地“点状供地”机制，破解土地指标难题。

（二）村庄规划的存量：控制与盘活

2023 年中央一号文件指出要“加强村庄规划建设”，提出“坚持县域统筹，支持有条件有需求的村庄分区分类编制村庄规划，合理确定村庄布局和建设边界。将村庄规划纳入村级议事协商目录。规范优化乡村地区行政区划设置，严禁违背农民意愿撤并村庄、搞大社区。推进以乡镇为单元的全域土地综合整治。积极盘活存量集体建设用地，优先保障农民居住、乡村基础设施、公共服务空间和产业用地需求，出台乡村振兴用地政策指南”。

2023 年中央一号文件较之前增加了合理划定村庄建设边界、将村庄规划纳入村级议事协商目录、推进全域土地综合整治、盘活存量集体建设用地、编制村容村貌提升导则、制定农村基本具备现代生活条件建设指引等新提法新要求。

村庄建设边界是本轮多规合一“实用性”村庄规划编制的最大特色。村庄建设边界的划定原则中，最突出的原则包括“总量控制”与“存量盘活”。总量控制是指村庄建设边界划定规模原则上不得突破存量建设用地规模，规划划定的村庄建设边界与未划入的零星分散村庄建设用地面积之和，不得超出统计口径确定的村庄现状建设用地“203”规模。确需新增建设用地规模的，需在上级国土空间规划中明确下达规模。存量盘活是指允许在行政村内盘活“三块”存量建设用地，优先用于满足村庄基本生活、生产需求，纳入村庄建设边界新增范围。一是村庄内可实施土地综合整治地块；二是现状“203”范围内实际无建构筑物、无法实施“增减挂钩”立项的空闲用地；三是村庄内部低效用地。可实施土地综合整治地块和空闲用地，作为村庄建设边界划定规模来源，鼓励通过存量更新手段盘活再利用村庄内低效用地，支持乡村建设、乡村振兴。

现阶段乡村振兴土地要素保障应以挖潜存量为主，摸清存量建设用地底数，分类实施推进存量建设用地再开发，结合地方要素禀赋，因地制宜地挖潜存量建设用地。总的来看，村庄建设边界的设定，使得村庄规划有了更明确的空间范围，同时也为村庄内部的土地利用提供了更具指导性的管控。这些新的变化无疑将使村庄规划在未来的实施中更加精准，更具操作性。特别是对总量控制和存量盘活原则的强调，有助于实现农村建设用地土地利用效率的提升，为乡村振兴提供土地要素保障，实现乡村振兴的目标。

（三）增量的预安排：留白机制

规划留白是应对规划不确定性的有效方法，是避免无效折腾的有效手段。村庄的规划建设往往受到各类外部因素的影响，存在诸多的不确定性。村庄的发展诉求也会随着区域周边环境的变化或外部力量的介入而发生改变。作为乡村地区空间管理的法定规划，村庄规划既要能用、管用，又不能“管死”，因此需要较好地预留规划管理弹性，才能更好地应对发展的不确定性，提高规划的适应性和操作性，避免出现频繁修编、造成规划浪费的情况。具体来说，可在用地布局和用途管制中采用三种弹性管控策略。一是“预留性质不定边界”，即“点位控制”。对于一些已经明确要实施但暂时还无法明确其具体的规模的项目，可以在规划图中采用“点位”控制的方法，表达项目的类别和意向性位置，待项目规模明确并即将落地实施前具体划定其用地边界。二是“预留用地不定性”，即“用地留白”。在规划图上预留一部分建设用地斑块，不给定具体的用地性质，作为机动用地，留待有实际项目需求后再来给定地块性质。三是“预留指标不上图”，即“机动指标”。借鉴原土地规划里的清单管理方式，预留一部分建设用地指标不在图纸上表达，列出项目建设正面清单和负面清单，待有需要的时候再去选择合适的空间，当然，落地时不能占用底线管控的区域。通过这几种管理方式，总体上可以基本满足村庄规划管理弹性的需要。

村庄规划方面，2018 年浙江省人民政府办公厅印发了《关于做好低丘缓坡开发利用推进生态“坡地村镇”建设的若干意见》，明确了采用预留指标、点状开发和供地。

规划方面，规划新增建设用地预留指标。旅游等建设项目选址在土地利用总体规划确定的城乡建设用地扩展边界外的，可申请使用预留指标，并依据经市、县（区）政府批准的项目选址论证报告或控制性详细规划，划定项目建设用地红线，并出具规划设计条件。

开发建设和供地方面，对交通便利、紧邻城镇周边、纳入城镇建设用地开发的区块，可以实行单个地块开发，也可以实行点状布局多个地块组合开发。对通过规划引导纳入村庄建设的区块，可以实行点状或带状布局多个地块组合开发。对充分依托山林的自然风景资源，进行生态（农业）旅游、休闲度假等项目开发的区块，可以实行点状布局多个地块组合开发。供地时，项目区为单个地块的，按建设地块单个供地；项目区为多个地块的，按建设地块组合供地。

第二节 刚性与弹性

实现规划存在多种路径，刚性与弹性正是对规划实现路径的描述。刚性在规划中主要指规划的确定性、非变动性，一种按照预定的路线、标准和规则行事的方式。相对于刚性，弹性则更强调规划的适应性、灵活性和变动性，弹性规划通过提供行动框架，根据实际情况和环境的变化，适时调整规划目标和路径。这两个特性并不对立，而是在实践中相互补充，相互作用。如何在刚性和弹性之间找到平衡，适应具体的规划场景和需求，是本节主要探讨的内容。

国土空间具有用地适宜性、功能多样性和系统复杂性的特征，基于社会经济发展的动态性，合理把握规划的刚性和弹性至关重要，这也是刚性与弹性成为核心范畴的原因。

一、规划中的刚性与弹性

（一）规划刚性

刚性指事物的组成内容、结构、量度及其演变过程的固定性，它是事物本质特征的一种反映。土地利用总体规划的刚性是指在一定社会经济条件下，土地利用总体规划在战略指导思想、任务和内容、规划指标的数量和结构、用途分区和用途管制规则、重大项目用地布局和规划管理程序等方面所具有的固定性、法定性、权威性、严肃性和指令性。规划的刚性从类型分，主要包括制度刚性、规模刚性和空间刚性三种。

1. 制度刚性

规划的制度刚性指的是在规划实施过程中，规划设计、原则、政策及执行的一致性和稳定性。这种刚性体现在制度的强制性和约束性上，可以保证规划目标和措施在实施过程中的连贯性和一致性，避免短期的利益驱动、利益冲突或任意性行为导致规划的偏离或失效。

2. 规模刚性

规划的规模刚性指的是在规划实施过程中，各个规划元素（如土地使用类型、建筑密度、公共设施的数量和分布等）的规模和比例需要保持相对稳定和一致性的原则。这种刚性源于对规划目标的坚持，如合理的土地利用、人口密度控制、环境保护等。

3. 空间刚性

规划的空间刚性是指在规划实施过程中，各项规划元素在空间布局上的稳定性和一致性的要求。具体来说，这种刚性要求规划的实施符合预先设定的空间分布和布局，如建筑物的位置、公共设施的分布、绿地的布局、道路的走向等。空间刚性不仅关注规划元素的实际位置，还关注这些元素在空间中的相对位置和关系。例如，在一个街道的控制性规划中，商业区、居住区、工业区和公共设施的布局不仅需要考虑它们各自的位置，还需要考虑它们之间的相对位置和相互关系。

（二）规划弹性

弹性也称柔性，一般指事物围绕其固有的基准，在保持其本质特征前提下的可变化性。变化幅度大，表明其弹性较强，反之，则表明其弹性较小。规划的弹性主要是指在确保规划应有功能的前提下，规划编制和实施管理的灵活性、可调整性和应变能力。科学的规划在保证实施刚性的同时，应结合社会经济发展与国土空间格局的动态供需关系变化，适当预留弹性管制操作空间，这与国土空间规划的空间留白和弹性机制一脉相承。规划的弹性主要体现在以下三个方面。

1. 结构弹性

规划的结构弹性是指在规划实施过程中，规划元素和空间布局可以根据实际需求和环境变化进行适度的调整和优化。这种弹性表现在两个方面：数量结构和空间结构。数量结构的弹性指的是规划中各个元素的数量管控可以进行调整，空间结构的弹性指的是规划中各个元素的空间布局可以根据实际需求和环境变化进行优化。

2. 功能弹性

规划的功能弹性是指在规划实施过程中，规划元素的功能可以根据实际需求和环境变化进行调整和转变。以国土空间规划的编制为例，广义的生产、生活和生态三大功能大致与农业、城镇和生态三类空间相对应，“三区三线”的控制基本锁定了一个完整规划期内的国土空间格局，但三类空间内部不同地类的转换变化是不可避免的，这必然会带来不同空间单元服务功能的变化，其变化原因包括自然和人为因素两个方面，如气候变化导致的局部地区沙漠化、市场变化带来的农业种植结构调整等，这些变化必然带来国土空间服务功能的弹性。

3. 治理弹性

在规划领域中，治理弹性的概念通常指的是规划过程和结果对于不同的环境条件、社区需求和政策目标的适应能力。以国土空间用途管制为例，面对用途管制中的各类空间冲突问题，如果仅采用自上而下的一种方法和一套指标来进行空间治理，必然会导致自下而上的多主体、多部门利益冲突的累加。面对难以避免的冲突，需要引入治理弹性，采取一定的弹性治理标准和模式，如对于空间冲突严重的区域，适当体现空间治理的时间弹性；对于单一空间冲突频发的区域，在冲突驱动机制识别和核心区刚性管控的基础上，结合结构功能弹性，创新用途管制“开天窗”“时间换空间”等弹性治理模式。

二、村庄规划中的刚性与弹性

村庄规划作为国土空间规划体系下的详细规划，其刚性与弹性也有其特色的安排。

（一）村庄规划中的刚性

多规合一实用性村庄规划建立了“约束指标＋分区准入”的管制方式。与上位国土空间规划充分衔接，落实国土空间用途分区管制的相关要求，实行约束指标和分区准入的管制方式。约束指标主要说明该类空间要素的规模底线要求，分区准入主要说明该类空间要素的禁止用途和鼓励引导用途等。

以江西省“多规合一”实用性村庄规划编制技术规程为例，村域内规划分区包括：核心保护红线区、其他保护红线区、生态控制区、农田保护区、城镇发展区、村庄建设区、一般农业区、林业发展区、旅游发展区、矿产能源区、其他用地区。在此基础上引导各类土地合理保护和开发利用。

（二）村庄规划中的弹性

村庄规划中的弹性可以包括三种形式，留白管控、点位预控与机动指标管控。

1. 留白管控

一时难以明确具体用途的建设用地，本次规划暂不明确其用地性质，为未来的布局优化、项目落地预留空间。

2. 点位预控

暂时无法明确地块及规模边界的项目，在村域综合规划图中采用点位预控的方法，表达项目的类别和意向性位置并纳入项目管理清单。

3. 机动指标管控

在不突破规划建设用地规模、不占用永久基本农田和严守生态保护红线的前提下，村庄规划中可预留一定比例的建设用地机动指标（不超过5%），用于农村公共设施和零星分布的一二三产业融合发展项目使用。

第三节　其他范畴

上述两节对增量与存量、刚性与弹性两类规划范畴进行了梳理与总结。对规划范畴的探索是认识与实践规划理论的延伸，对规划范畴的认识是难以穷尽的，且随着规划实践的发展，对规划范畴的梳理又是不可穷尽的。以下对一些可能的规划范畴进行解释，也期待各位读者接续探索。

一、时间与空间

国土空间规划基于特定时间和空间资源进行动态调整。

从时间范畴看，规划目标在于对未来土地利用的控制。它立足当前，以未来为导向，通过近期规划、年度计划控制和土地利用总体规划等长期短期相结合的方式，不断动态调整，从而实现对未来土地资源的分配和时空组织，促进代际可持续发展。

空间范畴体现在载体、手段和目标空间性。规划以国土空间为基础，形成了五级三类的体系；通过三区三线、国土用途管制，协调开发保护格局，实现生产空间集约高效、生活空间宜居适度、生态空间山清水秀。

从规划实践中看，时间和空间是一对矛盾又相互联系的概念，兼顾某一地块利用中的时间与空间是规划的重要作用。通过对某一规划范围内时间与空间的分配调整，能够实现对该地块的科学规划，如功能分区就是解决时间与空间矛盾冲突的典型方法。

总之，国土空间规划需要统筹时间和空间，通过用途管制、储备区和留白区等方式，合理布局有序空间，推动可持续发展。

二、现状与未来

现状是指当前的土地利用状况，包括土地的数量、质量、分布、利用模式等。现状反映了乡村土地利用的实际情况，是乡村规划的起点。现状分析可以帮助我们了解乡村土地利用的问题和挑战，为乡村规划提供基础数据和信息。

未来是指我们希望达到的目标或预期的土地利用状况。未来规划需要考虑乡村发展的需求和目标，以及可能出现的变化和趋势。通过对未来的预测和规划，我们可以制定出有效的策略和措施，以实现乡村土地利用的优化和提升。

三、供给与需求

供给是指乡村土地资源的总量，以及这些资源可以为乡村发展提供的各种服务和功能。供给包括土地的数量、质量、分布等因素，反映了乡村土地资源的供应能力。供给分析可以帮助我们了解乡村土地资源的潜力和限制，为乡村规划提供基础数据和信息。

需求是指乡村发展所需要的土地资源和服务。需求可以根据乡村的经济、社会、环境等目标来确定。需求分析可以帮助我们了解乡村发展的需求和期望，为乡村规划提供基础数据和信息。

其他视角下还有整体与局部、现代与传统、自然与人为等范畴。比如，整体与局部，讨论的是如何在全局视角和局部视角之间取得平衡，在制定村庄规划时，既要考虑全局的需求和趋势，也要考虑局部的实际情况和需求；现代与传统讨论的是在推进现代化和保持传统文化之间取得平衡，既可以推进村庄的现代化，也可以保护和传承村庄的传统文化；自然与人为，讨论的是如何在保护自然环境和促进人类活动之间取得平衡。

— 本章小结 —

村庄规划需要综合考虑刚性与弹性、增量与存量、时间与空间、现状与未来、供给与需求等多个方面，灵活设计规划体系。这不仅有助于保护生态环境，还能促进村庄的可持续发展。通过科学合理的规划，可以更好地实现乡村振兴战略，推动乡村空间治理“刚性约束”与“弹性引导”的协同发展。

— 关键术语 —

增量与存量　刚性与弹性　时间与空间　现状与未来　供给与需求

— 复习思考题 —

1. 简述规划的增量和存量的内涵。
2. 规划中的刚性范畴可以分为哪三类？

第五章
村庄规划中的严控与激活

◆ **重点问题**

- “三区三线”的内涵及划定
- “三线”划定与村庄运营的关系、村庄运营与规划设计的关系
- 村庄规划中的严控与激活措施

国土空间规划体系改革以来，“三区三线”作为优化国土空间布局和实施国土空间用途管制的重要手段，是各级国土空间规划编制与监督实施的重要手段，以三线为依据严控发展边界；同时，以村庄为载体的乡村振兴是一个发展的规划，需要通过村庄设计、村庄运营和数字乡村等激活乡村、赋能乡村，促进乡村的发展振兴。掌握严控与激活这对范畴有利于进一步理解规划核心范畴。

第一节　严控导向打分“三区三线”

2018 年 11 月，《中共中央 国务院关于统一规划体系更好发挥国家发展规划战略导向作用的意见》发布。“三区三线”的划定和管理成为各级国土空间规划编制与监督实施的重要内容。2022 年 4 月，自然资源部下发了《关于在全国开展“三区三线”划定工作的函》，以国土空间规划为依据，把城镇、农业、生态空间和生态保护红线、永久基本农田保护红线、城镇开发边界作为调整经济结构、规划产业发展、推进城镇化不可逾越的红线。坚持底线思维，划定“三区三线”，为调整经济结构、规划产业发展、推进城镇化划出不可逾越的红线。

一、“三区三线”的内涵及意义

“三区”是指城镇空间、农业空间、生态空间三类空间，“三线”分别对应在城镇空间、农业空间、生态空间划定的城镇开发边界、永久基本农田、生态保护红线三条

控制线。其中“三区”突出主导功能划分，“三线”侧重边界的刚性管控。它们是国土空间用途管制的重要内容，也是国土空间用途管制的核心框架。

（一）城镇空间

城镇空间指以承载城镇经济、社会、政治、文化、生态等要素为主的功能空间，包括城镇建设空间、工矿建设空间以及部分乡级政府驻地的开发建设空间。城镇开发边界是指在一定时期内因城镇发展需要，可以集中进行城镇开发建设，重点完善城镇功能的区域边界，涉及城市、建制镇和各类开发区等。划定“城镇开发边界——城镇空间”可以防止城市盲目无序地扩张，倒逼存量建设用地的挖潜和利用，提高城市土地利用率，避免土地资源浪费。促进城市转型发展，提高城镇化质量。

（二）农业空间

农业空间指以农业生产和农村居民生活为主的功能空间，承担农产品生产和农村生活功能的国土空间，主要包括永久基本农田、一般农田等农业生产用地以及村庄等农村生活用地。永久基本农田是指按照一定时期人口和经济社会发展对农产品的需求，依据国土空间规划确定的不能擅自占用或改变用途的耕地。耕地是我国最为宝贵的资源，开展永久基本农田划定，是守住耕地红线、保护优质耕地、确保国家粮食安全的内在要求。农业空间的划定有利于倒逼少占耕地，在给农业留下更多良田的同时，释放更多生态空间，优化城乡生产、生活、生态空间格局。

（三）生态空间

生态空间指具有自然属性、以提供生态服务或生态产品为主的功能空间，包括森林、草原、湿地、河流、湖泊、滩涂、岸线、海洋、荒地、荒漠、戈壁、冰川、高山冻原、无居民海岛等。生态保护红线是指在生态空间范围内具有特殊重要生态功能，必须强制性严格保护的陆域、水域、海域等区域。划定生态保护红线是留住绿水青山、支撑国家生态安全格局、贯彻落实主体功能区制度、实施生态空间用途管制的重要举措。划定生态保护红线，实施严格保护，可以控制环境污染，提高环境质量，从源头上治理生态环境。生态保护红线发挥着保护生物多样性、保障人居环境安全、提供优质生态产品的重要作用，从根本上优化了人类对各种生态资源的利用方式，促进各类资源集约节约利用，从而增强我国经济社会可持续发展的生态支持能力。

落实三条控制线的顺序也有规定，自然资源部印发的《关于在全国开展“三区三线”划定工作的函》明确规定：按照耕地和永久基本农田、生态保护红线、城镇开发边界的顺序，在国土空间规划中统筹划定落实三条控制线，做到现状耕地应保尽保、应划尽划，确保三条控制线不交叉不重叠不冲突。

村域是落实三区三线的最小单元。在村域内落实永久基本农田保护红线和生态保护红线划定范围，合理划分村域生态空间、农业空间和建设空间是村庄规划的主要任务。

二、划定基本农田保护红线

按照《中华人民共和国土地管理法》《基本农田保护条例》等相关法律法规的要求，依据上位规划确定的基本农田保护规模，对村庄内的耕地进行科学评估，包括耕地的质量和分布、土壤肥力、灌溉条件、地形地貌等因素。优先将集中连片、质量高、适宜耕种的耕地，特别是那些对粮食生产有重要意义的区域，划定为基本农田。清晰划定基本农田的边界，制定具体的保护措施和管理规定，防止非法占用和破坏基本农田。永久基本农田一经划定，任何单位和个人不得擅自占用或改变用途。对于违反基本农田保护红线划定和管理规定的行为，依法追究责任。

在村庄规划中，应充分听取村民的意见和需求，确保规划的合理性和可接受性。在划定过程中，考虑村庄的未来发展，合理预留一定的发展空间，同时确保基本农田的保护不受影响，协调好经济发展和生态保护的关系，确保在促进村庄发展的同时，基本农田得到有效保护。实施动态管理，定期对基本农田的使用情况进行监测和评估，及时调整和优化保护措施。

三、划定生态保护红线

践行“绿水青山就是金山银山”的理念，贯彻落实绿色可持续发展的原则，合理划定生态保护红线，需要综合考虑生态保护、经济发展和居民生活等多方面因素。

应依据国家和地方的生态保护法律法规、上位规划确定的生态保护区规模，确保生态保护红线的划定符合相关要求；对村庄的自然条件、生态环境、生物多样性等进行详细评估，识别重要的生态功能区和敏感区域。

鼓励村民、专家和其他利益相关者参与生态保护红线的划定过程，确保规划的透明性和合理性。根据不同的生态功能和保护需求，对生态保护红线内的区域进行分类管理。清晰划定生态保护红线的边界，并进行标识，确保所有相关方都清楚界限所在。将生态保护红线的划定与土地利用规划、城乡规划、水资源规划等其他规划相协调，实现多规合一。

在村庄规划中，协调好生态保护与经济发展、居民生活的关系，确保生态保护红线内的区域得到有效保护，同时满足村庄发展和居民生活的需求。在村庄发展和生态保护之间寻求平衡，优先保护具有重要生态价值的区域。

制定具体的保护措施和管理办法，包括限制开发活动、实施生态修复、建立生态补偿机制等。建立生态保护红线的动态监测机制，定期评估保护效果，及时调整保护策略。建立健全的监管机制，确保生态保护红线的划定和执行得到有效监督。对于违反生态保护红线划定和管理规定的行为，依法追究责任。

四、划定村庄建设边界

村庄建设边界是规划期内可以用于村庄开发建设的范围，是规划相对集中的农村居民点以及因村庄建设和发展需要必须实行规划控制的区域。遵循方便居民使用、优化居住环境、体现地方特色的原则，合理布置各类建设用地，划定村庄建设空间规模，以满足村庄未来发展的需求。

根据国家和地方的土地管理、城乡规划等相关法律法规，确保村庄建设边界的划定合法合规。村庄建设边界与土地利用规划、生态保护规划、交通规划等其他规划相协调，实现多规合一。鼓励村民、专家和其他利益相关者参与村庄建设边界的划定过程，确保规划的透明性和合理性，加强对村民的生态教育，提高他们的环保意识，鼓励他们参与村庄建设和环境保护。

通过现状调研，详细了解村庄的地理位置、自然环境、人口结构、经济发展状况、土地利用现状等。鼓励集约化发展，提高土地利用效率，避免无序扩张。清晰划定村庄建设边界，并进行标识，确保所有相关方都清楚界限所在。在村庄建设边界内，合理规划居住区、公共服务区、产业区等功能分区；合理规划道路、供水、排水、电力、通信等基础设施，确保村庄建设的可持续性；考虑自然灾害的影响，规划防洪、抗震等设施，提高村庄的防灾减灾能力。

注重生态环境建设，提高村庄的生态宜居性，为村民提供良好的生活环境。保护村庄的历史文化遗迹和传统风貌，避免在建设过程中造成破坏。在村庄发展和生态保护之间寻求平衡，优先保护耕地、水源地等重要自然资源和生态环境。实现村庄的有序发展和生态环境的保护。

村庄建设边界划定以年度国土变更调查下发的村庄建设用地为基础，按照保护优先、总量约束、潜力挖掘、布局优化、清晰可辨的原则，在村庄规划中予以划定。不单独编制规划的村庄，在乡镇国土空间规划村庄规划通则中划定的村庄建设边界，其边界保持和年度国土变更调查下发的村庄建设用地范围一致，实施通则管理。原则上，村民居住、农村公共公益设施、农村一二三产业融合发展、集体经营性建设等用地应布局在村庄建设边界内，进行规划管控①。

第二节　激励导向的政策工具及技术工具

国土空间规划背景下，一方面，严守“三区三线”，划定村庄内各类用地控制线是村庄规划的刚性要求，即严控红线，但另一方面，村庄也有不断改善人居环境和发展产业的要求。这就要求有政策和技术创新。

一、政策工具：城乡建设用地增减挂钩及全域土地综合整治等

村庄规划是实现乡村振兴战略的关键环节，涉及多种政策工具。自然资源部办公厅发布的《乡村振兴用地政策指南（2023年）》所涉及的政策工具包括：科学推进村庄规划编制管理，确保规划的科学性和实用性，以适应乡村发展需求；加强建设用地计划指标保障，为乡村发展提供必要的土地资源支持；改进耕地保护措施，在保障粮

① 参见江西省的《关于进一步加强实用性村庄规划工作助推乡村振兴的通知》。

食安全的同时，合理利用土地资源；完善增减挂钩节余指标跨省域调剂政策；通过政策手段，促进土地资源在不同区域间的合理配置；盘活利用集体建设用地，激发存量土地的利用潜力，提高资源开发利用效率。

自然资源部办公厅在《关于加强村庄规划促进乡村振兴的通知》中提出了以下政策工具：优化调整用地布局，在不改变县级国土空间规划主要控制指标的情况下，允许对村庄用地布局进行优化调整；探索规划“留白”机制，预留不超过5%的建设用地机动指标，以适应乡村发展中的不确定性需求；强化村民主体和村党组织、村民委员会主导，确保村民在规划编制过程中的参与度和决策权；开门编规划，鼓励社会各界参与村庄规划，提高规划的质量和适应性。因地制宜，分类编制，根据不同村庄的特点和需求，制定相应的规划策略。这些政策工具旨在促进乡村振兴，保障乡村用地需求，同时保护耕地和生态环境，实现可持续发展。通过这些措施，可以为乡村提供更加明确和灵活的规划指导，促进乡村经济、社会和环境的协调发展。

村庄规划中的政策工具还有增减挂钩、全域土地综合整治、点状供地、庭院经济、项目库、分区管制或引导、指标控制、名录管理、控制线等，本书主要选择了增减挂钩、全域土地综合整治、点状供地与庭院经济四个政策工具进行阐述。

二、技术工具：村庄设计及村庄运营等

通过技术开展村庄设计，在“三区三线”约束性指标条件下，对存量村庄空间进行更新改造与提升。村庄设计是对乡村的详细设计，在村庄用地结构和数量固定的情况下，综合考虑农村人居环境整治要求的基础上，对保留的自然村、新建居民点等规划重点区域，进行整体格局、建筑风貌、环境品质和基础设施等要素开展的专项或者综合性设计①。2024年2月，自然资源部、中央农村工作领导小组办公室印发《关于学习运用“千万工程”经验提高村庄规划编制质量和实效的通知》，明确指出“落实中央一号文件要求——强化县域统筹、分类编制、强化乡村空间设计”。

（一）用城乡融合思维指导村庄设计

乡村振兴战略背景下，越来越多“城里”的设计师、建筑师以及运营师涌入乡村，这些设计师由于不熟悉乡村，用之前在城市的思维来对乡村进行设计，容易忽视乡村本身的功能和价值。而生活在乡村环境中的“土”专家，又常因缺乏对城市消费人群消费需求的了解，设计有限或设计不够便利，而陷入村庄设计困境。

从脱贫攻坚到乡村振兴，“村里人”在党的团结带领下向创造美好生活、实现共同富裕的道路上迈出了坚实的一大步。村庄建设的重点也从基本生活保障向提升基础设施质量和服务功能转变。村庄整体设计已经不再满足于其传统的生产生活功能，而是更加注重追求美学、文化和艺术的结合。一方面，改革开放四十多年来，大量农民工进城又返乡，把现代化的城市生活方式带回乡村。另一方面，越来越多的“城里人”

① 张建波，余建忠，孔斌．浙江省村庄设计经验及典型手法［J］．城市规划，2020（S01）：47-56.

出游观念改变，农村的田间小路、小桥流水、成片的田野成为人们向往的“理想家园”。现在的乡村，不只是“村里人”的乡村，同样是“城里人”的乡村。

从美丽乡村到美丽经济，乡村旅游逐渐成为乡村产业振兴的重要抓手。中国乡村旅游消费者画像分析数据显示[①]，80 后、90 后是乡村旅游消费的主力军。“舒适的自然环境”“特色的民俗文化”和“独特的风味美食”是中国乡村旅游用户主要考虑的因素。由此可见，田野自然和乡村生活体验是乡村产品最本质的吸引力和优势。

（二）村庄设计的重点内容及思路

因地制宜地进行村庄设计是重要原则。不同地貌、区位条件各异的村庄对村庄设计的需求也不同。本小节仅对村庄设计可采用的具有普遍意义的设计思路进行阐述。

1. 重要节点

作为景观体系的关键锚点，重要节点承载着“串点成线”设计的核心价值。“串点成线”的设计思路是指，结合区域特有的产业、人文、景观特色，串联景观元素，挖掘文化内涵，形成彰显地域特色的景观廊道。重要节点作为村庄中资源与区位优势突出的空间节点，是村庄特色与优势的集中体现。重要节点通常是村庄资源投入的重点对象，在规划中作为点和面上的建设已经相对成熟，然而这些点相对独立，缺乏线性的联系。“串点成线”不仅能够链接整合起村内资源、集中突显村庄特色，也能“串点成线、连线成面”，为各村庄之间的资源串联与村村发展轴线的打造打下坚实基础。

2. 村民居住点

村庄居住点的设计规划不仅要加强现代化的改造与提升，还要重视对村庄自身特色的保留。“新旧结合”的设计思路是指将“旧”材料（即本土材料、传统建造工艺）与“新”技术（现代技术）相结合来反映村庄建筑文化的设计思路与方法，使乡村设计呈现出一种古朴自然与现代时尚相统一的形态，一种联系历史与当代，能够满足未来可持续发展的“新传统设计”。

3. 公共基础服务设施和产业设置

作为实现城乡要素高效配置的创新范式，“景村融合”重构了公共基础服务设施与产业设置的协同关系。“景村融合”，实际上就是乡村建设与乡村景区建设融为一体，空间互应、资源共享、要素互补、利益互显的“景区＋乡村”共同体。“景村融合”涉及社会、经济和环境等诸多方面，在强调产业融合发展的基础上，更加重视物质景观空间与文化特色的传承。基于“景村融合”的村庄设计思路就是要求村庄梳理自身资源，基于村庄定位，对产业建设进行规划及管理，并同步优化公共基础服务设施，形成“以景带村、以村实景、景村互动”的发展模式。

---

① 艾媒数据中心．中国乡村旅游经济概况与消费者行为调查数据［EB/OL］．（2023-06-03）［2024-06-23］．https：//data.iimedia.cn/data-classification/theme/49160641.html.

（三）村庄运营与管护

村庄规划及设计成果的实际效用和价值在很大程度上取决于其后续的运营与管护，“大量实践证明，缺乏运营或先建设后运营的乡村普遍存在可持续发展难题”①。有些村庄投入大量资金建设的农村“亮点工程”由于缺乏后期运营管护反而成了“荒草园”。乡村正从过去“重建设”转为“建设与运营并重”，再到“重运营和管护”。村庄运营，是以“村”为基本单元，以企业运营的方式运营村庄，与会策划、懂营销的乡村运营师团队进行合作，对乡村进行市场化运营，将村庄内的各种资源进行系统化、专业化的管理与开发，将乡村资源优势、生态优势转化为经济优势、发展优势。最大限度地盘活存量，对村庄资产进行集聚、重组和营运，以实现村庄经济的可持续发展，实现村庄资源配置容量和效益的最大化、最优化，提升村庄的整体价值，增强村庄的吸引力和竞争力，改善村民的生活质量。运营前置是当前村庄规划设计中的创新做法，即运营单位基于产业长期布局、消费者需求研判、效益回收率预期这些精算数据和制作标准，帮助业主方精准厘清需求与目标，进行精准的分期启动策略、资金安排、建设体量与产品布局等一系列决策安排。例如，在浙江省洪村，就是利用率运营前置的创新做法，围绕村庄“南科北禅”优势区位进行运营策划，围绕村庄运营的需要进行规划设计，实现激活村庄的目标和效果。近年来，村庄运营形成了多种新模式，如县域整体解决方案模式、组团式经营模式、强村公司规范化运营模式、乡村功能重构模式、数字化运营模式、品牌化经营模式、OEPC 模式、业态抱团发展模式、乡村 CEO 培养模式、艺术乡建模式等。另外，没有村庄运营的村庄，也需要对其进行日常管护。

（四）数字乡村与智慧乡村

依托先进的信息技术，推动村庄向智能化数字化转型发展。数字乡村是伴随网络化、信息化和数字化在农业农村经济社会发展中的应用，侧重通过数字化手段来优化信息基础设施和服务水平，具体包括智慧党建、智慧政务、在线求职/招聘、乡村文旅、扶贫专栏、互联网＋公益、农村电商平台、技能培训、法律咨询/援助、乡村金融、智慧养老、妇女/儿童服务等涉及老百姓生活中的方方面面，既是乡村振兴的战略方向，也是建设数字中国的重要内容。智慧乡村是指利用物联网、大数据、云计算、人工智能等现代信息技术，实现农业生产智能化、乡村治理精细化、居民生活便捷化，强调利用先进的信息技术来优化乡村治理和居民生活便利性的一种新型乡村发展模式。

① 农民日报．乡村运营中的八大警示［EB/OL］．（2023-02-07）［2024-06-02］．https：//szb.farmer.com.cn/2023/20230207/20230207 _ 008/20230207 _ 008 _ 1.htm.

— 本章小结 —

本章介绍了“三区三线”的概念及其划定。“三区”是指城镇空间、农业空间、生态空间三类空间，“三线”分别对应在城镇空间、农业空间、生态空间划定的城镇开发边界、永久基本农田、生态保护红线三条控制线。其中“三区”突出主导功能划分，“三线”侧重边界的刚性管控。它们是国土空间用途管制的重要内容，体现了村庄规划中对保护红线的严控。同时，村庄也有不断改善人居环境和发展产业、乡村振兴的要求。这就要求有政策和技术创新。

优化调整用地布局，在不改变县级国土空间规划主要控制指标的情况下，允许对村庄用地布局进行优化调整；探索规划“留白”机制，预留5%内的建设用地机动指标，以适应乡村发展中的不确定性需求。通过技术开展村庄设计，在“三区三线”约束性指标条件下，对存量村庄空间进行更新改造与提升。同时，数字乡村、智慧乡村建设等对乡村振兴具有激励作用。

— 关键术语 —

三区三线　生态保护红线村庄设计　运营前置　村庄运营

— 复习思考题 —

1. 简述三区三线的概念及内涵。
2. 简述村庄规划中严控与激活的内容。
3. 论述划定基本农田生态保护红线的依据和考虑因素。
4. 论述村庄的规划设计与村庄运营的关系。

第六章
城乡建设用地增减挂钩

◆ **重点问题**

- 增减挂钩的内涵和实质
- 增减挂钩实施的发展阶段
- 增减挂钩实施的主要方式以及它如何在村庄规划中发挥作用
- 增减挂钩政策在各地的探索与实践

城乡建设用地增减挂钩是城乡融合的举措之一。

土地利用中的政策工具通常指的是政府为了实现土地资源的合理配置、保护和可持续利用，通过法律法规、规划管理、经济激励等手段对土地使用进行调控和引导的方式。城乡建设用地增减挂钩政策的出现主要是为了解决我国快速工业化、城镇化进程中耕地大量被占、城镇建设用地过快增长等突出问题。随着城镇化的推进，城镇人口数量不断增加，城镇用地面积变得日益紧缺，而农村建设用地面积却呈现过剩趋势。在这一背景下，城乡建设用地规划不严谨、分布不够均匀、利用不合理等问题日益凸显，城乡建设用地的供需矛盾日益加剧。

在本章，我们对于土地利用中的政策工具——城乡建设用地增减挂钩进行学习和讨论。

第一节　增减挂钩政策的概述

一、增减挂钩的内涵

城乡建设用地增减挂钩是指依据土地利用总体规划，将若干拟整理复垦为耕地的农村建设用地地块（即拆旧地块）和拟用于城镇建设的地块（即建新地块）等面积共同组成建新拆旧项目区（以下简称项目区），通过建新拆旧和土地整理复垦等措施，在保证项目区内各类土地面积分配平衡的基础上，最终实现建设用地总量不增加，耕地面积不减少，质量不降低，城乡用地布局更合理的目标，详见图 6-1。

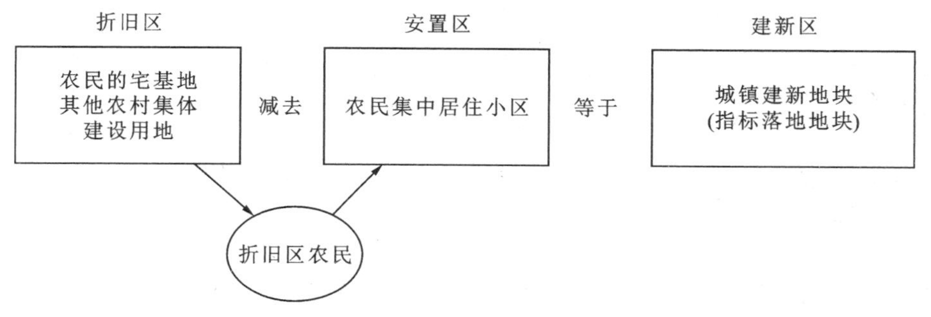

图 6-1 增减挂钩解析图

资料来源：谭明智．严控与激励并存：土地增减挂钩的政策脉络及地方实施［J］．中国社会科学，2014（7）：125-142，207．

增减挂钩实质上是建设用地指标置换，是对于稀缺的建设用地指标进行空间上的配置；其核心是地方政府通过村庄整治和使农民集中居住的方式，腾挪出宅基地等农村建设用地，并将其复垦为耕地，进而形成建设用地节余指标，使地方政府除了既有年度城镇建设用地指标外，还能够于城市近郊征用等量耕地作为城镇建设用地，从而实现盘活农村存量集体建设用地，增加城镇新增建设用地，保障耕地总量和质量动态平衡，推动城市化、工业化进程的目的，它是对“占补平衡”思路的合理延伸①。

二、增减挂钩政策与国家政策融合发展阶段

增减挂钩政策基于我国人多地少的基本国情下城镇化进程持续推进的大背景而产生，实质是计划配额管理机制下，在控制建设用地总量、确保耕地面积不减少的基础上，对城乡建设用地的结构调整与优化，也是政府的土地宏观管理权对农民土地产权的重新界定②。

（一）增减挂钩政策工具首次提出

增减挂钩政策的提出和演变，最初是由国土资源部（现自然资源部）提出土地置换政策的初始思路形成的。社会经济的不断发展，建设用地指标的供应逐步紧张，为解决城镇和工业园区建设用地不足的现象，解决小城镇发展用地指标问题，逐渐形成了增减挂钩的思路。

最早进行城乡建设用地增减挂钩政策的浙江省，伴随着“千村示范、万村整治”工程进行。2001 年，浙江省试行建设用地复垦周转指标政策，实施建设用地复垦，可以申请核拨复垦成耕地面积 80％的周转指标，用于村镇建设，周转期满归还。2003

① 谭明智．严控与激励并存：土地增减挂钩的政策脉络及地方实施［J］．中国社会科学，2014（7）：125-142，207．

② 吴光芸，马明凯．创新扩散视域下土地增减挂钩政策的扩散诱因、路径和机制研究［J］．安徽师范大学学报（人文社会科学版），2021（5）：148-157．

年，启动“千万工程”，确立城镇建设用地增加与农村建设用地减少相挂钩原则，农村宅基地复垦自此成为管控新增建设用地，保护有限耕地资源，保障中心村建设发展的新路径。

随后《关于深化改革严格土地管理的决定》中第一次提出增减挂钩的概念，即“鼓励农村建设用地整理，城镇建设用地增加要与农村建设用地减少相挂钩”。随后在2005年国土部发布《关于规范增减挂钩试点工作的意见》，并于2006年发布增减挂钩第一批试点的五个地区为山东、天津、江苏、湖北、四川，展开第一批建设用地指标空间配置的试点。

（二）浙江增减挂钩模式的探索与中央创新

在面临上级建设用地指标约束的情况下，浙江寻找新的建设用地指标来源，先行探索是否可以在保证耕地面积不减少甚至有增加的情况下，再额外增加建设用地来满足地方发展的实际需要。耕地的增加有三个来源。一是土地开发，即通过对未利用地的开发，将其转化为耕地资源，比如将湿地、滩涂开发为耕地；二是土地整理，即通过对农用地进行整合归并，对道路、灌排等农田基础设施进行归整，对土地进行改良等，实现耕地的增加；三是土地复垦，即将农村存量建设用地复垦为耕地资源。

增减挂钩政策的本质是为了解决建设用地指标不足的问题。因此，在该政策工具的发展过程中，浙江通过土地整理、土地开发和土地复垦等方式增加建设用地。其中，通过土地整理方式增加的耕地面积中，有72%可用于城市化和工业化，换言之，这部分土地可以进行“农转用”。折抵和复垦两种指标就是浙江通过政策创新，在不违反法律和上级政府土地利用总体规划的条件下，额外获得的新增建设用地占用耕地的指标。

但是在实行的过程中，“浙江模式”面临了两个隐藏的问题，一是虽然地方耕地数量增加，但建设用地的空间也进一步增加了。这些新增的建设用地空间要么落脚到农村建设用地或农用地“腾退”出的空间，要么落脚到未利用地上（即不属于用途分类中建设用地或农用地的其他土地用途），实际上是在挤压未利用地的空间。二是“浙江模式”会导致地方政府不再依赖上级政府，更会影响到整个土地利用规划和用途管制体系的效力。因此，国土资源部在2007年对“浙江模式”做出了叫停的处理，同时中央对于这种方式进行了一定程度的创新。

（三）中央对于增减挂钩制度的创新和完善

国土资源部印发《关于进一步规范城乡建设用地增减挂钩试点工作的通知》旨在对第一批增减挂钩试点实施情况进行全面调查，对部分试点地区存在思想认识不统一、整体审批不完善、跟踪监管不到位等问题进行规范并及时整改；国土资源部发布《城乡建设用地增减挂钩试点管理办法》，这一规范性文件概括了增减挂钩的完整含义、明确了目标、原则及具体操作办法，进一步明确“城乡建设用地增加要与农村建设用地减少相挂钩”，增减挂钩政策正式出台。

随后，国家将增减挂钩这项政策工具与国家各个阶段的任务紧密结合，包括结合国家出台的政策，融合国家发展规划，包括脱贫攻坚、易地扶贫搬迁、乡村振兴等。国务院发布《中共中央国务院关于打赢脱贫攻坚战的决定》，明确提出“利用增减挂钩政策支持易地扶贫搬迁”。国土资源部发布《关于用好用活增减挂钩政策积极支持扶贫开发及易地扶贫搬迁工作的通知》，提出“集中连片特困地区、国家扶贫开发工作重点县和开展易地扶贫搬迁的贫困老区开展增减挂钩的，可将增减挂钩节余指标在省域范围内流转使用”。

把增减挂钩政策作为支持脱贫攻坚的积极政策，对深度贫困地区的增减挂钩政策提出一系列创新举措，加大对深度贫困地区的扶持力度，提升政策含金量，增减挂钩政策得到进一步拓展和深化。

第二节　增减挂钩的主要方式

增减挂钩政策工具的实质是为解决城镇之间建设用地指标稀缺、产业发展受限的问题而进行的农村与城镇之间的建设用地指标交易。城乡建设用地增减挂钩，依据土地利用总体规划，经过十几年的发展，增减挂钩目前主要有三种方式。

一、村镇间的交易模式

通过将一个或是多个自然村或行政村的建设用地指标进行空间上的整合和配置，在镇上进行建设用地指标的落地，发展产业及其他的经济，即村镇小范围内的“飞地模式”。“飞地”增减挂钩模式是当前时代背景下对于传统增减挂钩政策工具的一种使用方式上的创新，是一种促进区域平衡协调发展，富有中国特色的区域经济合作模式，其目的是在制度待变迁区域（飞入地）和制度已变迁区域（飞出地）之间建立一种制度运行的对接机制，克服地区之间经济社会发展落差，有利于缩小城乡差距，促进城乡及工农业协同发展。建设用地的城乡增减挂钩很大程度上缓解了城镇建设发展用地和后备土地资源的供给矛盾，并从空间、时间上极大地推动了城镇建设发展的进程，实现优势互补、合作共赢。

在村镇间范围内的增减挂钩模式需要遵循四个主要的原则。第一，就近安置原则。需要进行联建的村庄应当就近迁移至自然条件和基础设施较好的村庄，便于合建村庄融合，同时也使被迁村庄处于耕作服务半径内，便于被迁移村庄居民耕作。第二，突出重点原则。进行联建的村庄在满足就近原则的前提下，可依托中心村或城镇进行建设，扩大中心村和城镇规模，加快城镇化发展步伐。第三，由小及大原则。即规模小的村庄逐渐向规模大的村庄或主镇区发展，对于规模过小的村庄应实施整体搬迁，尽快并入主体。第四，按级配置的原则。联村合建后形成中心镇、一般镇、中心村和基层村四级，根据不同的级别来配置不同的各类设施。

通过将城乡建设用地增减挂钩与村镇范围内的增减挂钩相结合，对于农村居民点进行空间布局上的整理，拓展了村镇范围内的建设用地，增强村镇之间的联系、发展潜力和发展空间，完善村庄的服务设施。

二、县域内的交易模式

县域内的交易模式是指实现乡镇层级指标交易的突破，将建设用地指标的空间交易和利用主要集中于县域自身的发展，按照“总量控制、封闭运行、定期考核、到期归还”原则进行管理，严格限定在县域范围内实施，将建设用地发展权掌握在县域范围内，体现在县域范围内乡镇之间的产业共同发展与建设用地的指标交易，推动县域范围内的农村基础设施大规模更新、扶贫产业的发展以及美丽乡村建设。

通过将建设用地指标在各个乡镇之间进行交易，可以把握当地企业和产业发展优势，由政府给予政策支持，企业能够在一定程度上以相对较低的价格获得建设用地指标，进行产业的发展，带动当地经济发展，提供就业的岗位，能够为乡镇的发展注入活力，为当地企业的发展提供更多的优惠政策也使得企业更好地反哺乡镇。

三、跨县域及省域东西部协作交易模式

脱贫攻坚作为国家中心工作的时期，影响扶贫攻坚最主要的政策工具之一是土地增减挂钩，即跨县域和跨省域东西部协作的交易模式。

这种交易模式的主要内容就是贫困县承担易地扶贫搬迁任务，需要大量资金，而土地指标交易可以产生巨额资金。由于经济发展落后，贫困县的土地指标留在本地使用并不值钱，那么国家就允许通过扩大土地指标流转范围，把土地指标“挂钩”到发达地区使用，产生更大的土地极差收益，再返还给贫困地区，从而填补贫困县承担易地扶贫搬迁任务所需的大量资金。

在脱贫攻坚阶段，发达地区与贫困县之间在地理位置上以及指标交易上的关系决定了交易模式，对于贫困县的帮扶而采取的增减挂钩政策工具，按照交易范围模式来进行划分：一是跨县域的增减挂钩交易，由省域内较为发达的市县承担部分贫困县的增减挂钩指标的交易，为贫困县带来资金收益，盘活闲置低效利用的建设用地，对于较为发达的市县提供更多的产业发展等的建设用地指标；二是省域东西部协作即探索部分省市与“三区三州”及深度贫困县增减挂钩节余指标在东西部扶贫协作和对口支援框架内开展交易。确定北京等东部8省市主要帮扶“三区三州”及其他深度贫困县，对于指标进行东西部协作省份的合作交易。

第三节　增减挂钩的地方实践

一、重庆增减挂钩地票模式

重庆的地票制是城乡建设用地增减挂钩政策实施的新探索，“地票”是包括农村宅基地及其附属设施用地、乡镇企业用地、农村公共设施和农村公益事业用地等农村集体建设用地，经过复垦并经土地管理部门严格验收后可用于建设的用地指标，是一种权利的凭证。

"地票"，指包括农村宅基地及其附属设施用地、乡镇企业用地、农村公共设施和农村公益事业用地等农村集体建设用地，经过复垦并经土地管理部门严格验收后产生的指标，以票据的形式通过重庆农村土地交易所在全市范围内公开拍卖。

"地票"交易制度是"先造地后用地"，农村闲置土地资源依法有序退出，把农村建设用地转化成耕地之后，才在城市新增建设用地，对耕地的保护力度更大、保护效果更好。同时，"地票"交易制度创新可以有效解决当前城镇化和工业化加速期，城市建设用地紧张的矛盾，而城乡建设用地总量不增加、耕地总量不减少。

重庆探索的"地票制"农村集体建设用地流转模式超越了"城乡建设用地增减挂钩"关于城乡行政分立影响土地价格的限制，在一定程度上突破了城乡土地市场的分割状态，它将远郊区农村土地统一纳入"挂钩"试验的范畴。"地票"将不同区域的挂钩指标打包进行拍卖，然后按照面积分配拍卖收益。"地票"价格的高低与项目区无关，与地租无关，仅与拍卖价格有关，实现指标价格的统一化。

"地票制"将土地的交易转化为票据化交易的模式。把挂钩指标票据化，改变了土地从空间上不可转移的实物形态，使固化的土地资源转化为可流动的资产。"地票制"实行"先造地后用地"的操作模式，要求先对农村集体建设用地进行复垦，验收合格后，通过"地票"在交易所进行拍卖。重庆地票模式解析见图 6-2。

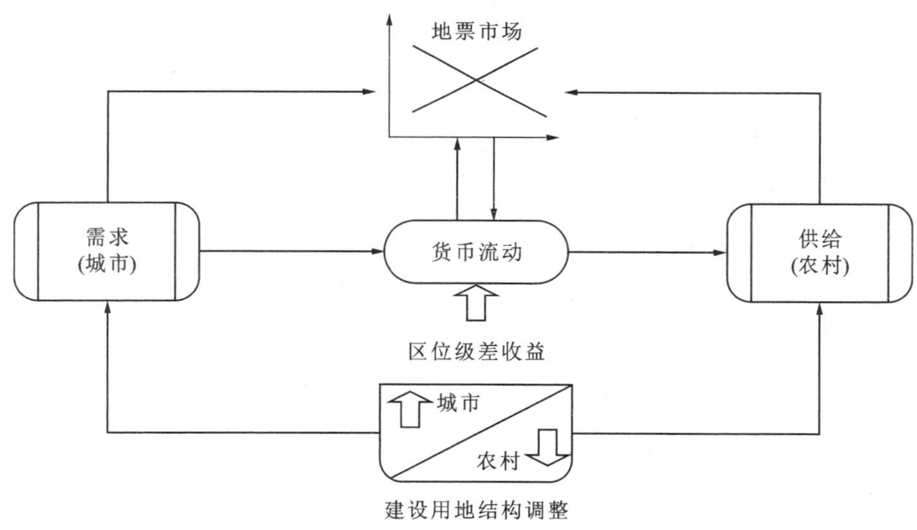

图 6-2 重庆地票模式解析图

资料来源：杨继瑞，汪锐，马永坤，统筹城乡实践的重庆"地票"交易创新探索 [J]. 中国农村经济，2011 (11)：4-9，22

二、山东增减挂钩土地流转模式

"城乡建设用地增减挂钩"，就是在保证耕地保护红线不被突破的前提下，减少农民用地，增加城市开发用地。城乡建设用地增减挂钩政策解决的是城市发展用地不足和耕地减少的矛盾，对农村大量闲置的宅基地等农村建设用地进行整理，在符合土地利用总体规划和村庄建设规划的前提下，先整理复垦，后建新使用。

山东潍坊、枣庄、青岛等地进行了试点，该模式坚持了农村集体土地所有制度，将原有的乡村管理归于社区化管理，即将原来农村散居的居住模式改变为集中居住的社区化模式，在村民自愿的原则下，将自己居住的宅基地转让出来，政府统一组织开垦、整理，除留作社区建设用地，剩余部分通过置换其他农村建设用地换取收益，政府将复垦土地流转所获得收益，通过政府财政给予宅基地流转农民一定份额的安置补贴。

“城乡建设用地增减挂钩”模式推动了宅基地等农村建设用地的流转，解决了城镇建设用地不足，改善了农民居住环境，但这种模式没有解决农民深层次的生存就业问题，社区化管理将劳作在土地上的农民转成劳作在土地上的“城镇居民”。

三、贵州增减挂钩巩固脱贫攻坚

城乡建设用地增减挂钩作为国家出台的一项土地政策已运行十余年，为民族地区经济发展提供用地保障，助推城镇化发展，助力脱贫攻坚及乡村振兴。贵州省黔东南州、赤水市、安顺市等地通过实施跨省域调剂增减挂钩项目、易地扶贫搬迁还贷增减挂钩项目、省域内其他增减挂钩项目三种类型，为乡村振兴筹集了资金、改善了生活条件，有效保障了城镇建设用地需求，赋能乡村振兴，实现多赢的目标。

实施跨省域调剂增减挂钩项目有效筹集乡村振兴资金；通过增减挂钩，使得城乡用地紧缺调剂互补，提高土地节约利用水平，优化土地利用结构布局，有效腾退城乡建设空间，满足了民族地区经济发展对于土地的刚性需求，增加了财政收入，为下一步拆旧复垦工作提供了资金支持，同时有效解决了脱贫攻坚“钱从哪里来”的问题，最大限度发挥了增减挂钩节余指标收益对脱贫攻坚的支持力度。同时将民族地区地质灾害、农村危房、偏远零散的农村居民点等增减挂钩，进行集中建设和集中安置，改善了农村人居环境，提高农村生活质量，推动农村安全和发展，同时也节约了农村基础设施等建设投入，缓解边远散户的安全管理和基础设施建设不便等问题。

增减挂钩作为我国特别是贫困落后的民族地区经济发展用地保障的支持政策，自探索实施以来，经过不断实施和完善，已经成为我国特别是民族地区经济发展、脱贫攻坚和乡村振兴的一项重要保障和推动政策，为“十三五”规划顺利完成和小康社会建成作出了贡献。在我国双循环和高质量发展的“十四五”开局后，各级政府及职能部门如能紧密结合高质量发展新要求，并结合实际，不断完善增减挂钩政策和实施机制，加快转型发展，此项政策必将为乡村振兴发挥更大的效用。

— 本章小结 —

本章深入探讨了增减挂钩政策在村庄规划中的应用。这项政策旨在通过合理分配和优化土地资源，实现建设用地指标在空间上的交易和合理配置。通过研究政策的实施和效果，我们可以更好地理解如何利用土地资源来推动乡村社区的经济、社会和环境发展。

— 关键术语 —

增减挂钩　建设用地　农用地　指标交易　东西部协作　重庆地票

— 复习思考题 —

1. 请解释增减挂钩的主要方式以及其中村庄规划的作用。
2. 增减挂钩试点了十多个年头，请简述增减挂钩政策工具的发展历程。
3. 在实施增减挂钩的过程中，可能会遇到哪些困境和挑战，如何解决？

第七章
全域土地综合整治与村庄规划

◆ 重点问题

- 全域土地综合整治的目标及任务
- 全域土地综合整治的“三管控一引导”
- 全域土地综合整治的整治模式

实现共同富裕和中国式现代化，最艰巨最繁重的任务依然在乡村，实施乡村振兴战略必须推进要素供给侧结构性改革，强化制度性供给[①]。在此背景下，全域土地综合整治作为农村土地利用制度的重大创新应运而生[②]。早在 2003 年，时任浙江省委书记的习近平同志就在浙江启动“千村示范、万村整治”工程行动。2024 年中央一号文件提到“稳妥有序开展以乡镇为基本单元的全域土地综合整治，整合盘活农村零散闲置土地，保障乡村基础设施和产业发展用地”。国土空间规划体系建立以来，全域土地综合整治与村庄规划相互支持和补充，愈发成为推动“千万工程”的强大引擎和促进共同富裕的重要抓手。

村庄规划作为国土空间规划体系中的重要组成部分，其目标是实现乡村地区的详细规划和管理，确保乡村发展与国家整体发展战略相协调。

全域土地综合整治是在国土空间规划的引领下进行的，需要以村庄规划为依据，确保整治活动符合乡村发展的长远目标和需求。在全域土地综合整治中，需要将整治任务、指标和布局要求落实到具体地块，这通常通过村庄规划来实现。同时村庄规划要充分衔接城镇开发边界、永久基本农田保护红线、生态保护红线“三线”划定成果，确保土地利用的合理性和可持续性。二者都旨在促进乡村振兴，实现农业农村现代化。

① 中共中央国务院关于实施乡村振兴战略的意见［N］. 人民日报，2018-02-05.

② 董祚继，韦艳莹，任聪慧，等．面向乡村振兴的全域土地综合整治创新——公共价值创造与实现［J］. 资源科学，2022（7）：1305-1315.

第一节 全域土地综合整治的任务及政策措施

一、全域土地综合整治的内涵及政策逻辑转向

全域土地综合整治是以国土空间规划为依据，以县域为统筹单元、以乡镇为基本实施单元，综合运用耕地占补平衡、城乡建设用地增减挂钩、农村集体经营性建设用地入市等政策工具，促进城乡要素平等交换、双向流动，优化农村地区国土空间布局，改善农村生态环境和农民生产生活条件，助推农村一二三产业融合发展和城乡融合发展，助力建设宜居宜业和美乡村的一项空间治理活动。

围绕着耕地保护和农村发展，我国土地整治经历了两个重要阶段，第一个阶段是从单一的土地整理过渡到土地整治。1997 年 4 月国务院发布《关于进一步加强土地管理切实保护耕地的通知》，将土地整理作为进一步加强土地管理的重要手段，以增加农用地面积，实现耕地总量动态平衡。2008 年十七届三中全会通过的《中共中央关于推进农村改革发展若干重大问题的决定》第一次在中央一级文件中明确提出“大规模实施土地整治，搞好规划、统筹安排、连片推进，加快中低产田改造。”这些措施体现了国家在土地整理方面的新思路，即在保证耕地数量的同时，更加注重耕地质量的提升和生态环境的保护，实现了从单一重视数量向数量、质量和生态并重的转变。2012 年国务院政府工作报告提出“开展农村土地整治”，同年国土资源部（现自然资源部）土地整理中心改名为土地整治中心，并出台《全国土地整治规划（2011—2015 年）》。明确了到 2015 年新建 4 亿亩旱涝保收高标准基本农田的目标，经整治后耕地质量平均提高一个等级，粮食亩产增加 100 公斤以上。同时，整治农村建设用地 450 万亩，生产建设活动损毁土地全面复垦，自然灾害损毁土地及时复垦，历史遗留损毁土地复垦率达到 35%以上。至此我国土地整理完成了向土地整治的过渡。

第二个阶段是土地整治向全域土地综合整治的发展阶段。2013 年党的十八届三中全会审议通过的《中共中央关于全面深化改革若干重大问题的决定》提出“山水林田湖是一个生命共同体”，标志着土地整治将向综合化方向发展。2018 年中共中央、国务院印发《乡村振兴战略规划（2018—2022 年》，从优化乡村内部生产、生活、生态空间和城乡融合发展两个方面，作出了“实施农村土地综合整治重大行动”安排。2019 年 12 月，自然资源部发布《关于开展全域土地综合整治试点工作的通知》，提出在全国范围内部署国土空间全域综合整治项目试点，标志着全域土地综合整治项目正式开启全国试点工作。同时明确了全域土地综合整治的重点任务即农用地整理、建设用地整理和乡村生态保护修复。这也是在土地综合整治任务中首次提出“乡村生态保护修复”。强化耕地保护，允许合理调整永久基本农田；盘活乡村存量建设用地，增添乡村发展活力。2020 年 6 月，自然资源部印发《全域土地综合整治试点实施要点（试行）》，围绕试点乡镇的选择、区域的划定、耕地和永久基本农田保护的要求、整治内容的审查、实施保障等方面明确了土地整治的核心问题。2021 年 4 月，国土空间生态修复司印发《全域土地综合整治试点实施方案编制大纲（试行）》，指导实施方案编制。“十四五”

规划将“规范开展全域土地综合整治”作为实施乡村建设行动的一项重点内容。2023年4月，自然资源部在全国范围部署了严守底线规范开展全域土地综合整治试点工作，要求“有效发挥全域土地综合整治优化国土空间格局、助力乡村振兴的积极作用，同时切实防止因实施不当出现突破底线、侵害群众权益等问题。”[①] 2024年8月，自然资源部印发《关于学习运用“千万工程”经验深入推进全域土地综合整治工作的意见》，明确了全域土地综合整治的总体要求 、实施路径、实施内容和要求，以及实施保障。全域土地综合整治的脉络逐渐清晰。

截至2023年底，全国共安排实施了全域土地综合整治试点1304个。其中，既包括自然资源部部署的以乡镇为单元以及跨乡镇的试点，也包括省级自行开展的试点。全部试点累计投入资金4488亿元，完成综合整治规模378万亩，实现新增耕地47万亩、减少建设用地12万亩。

土地整治到全域土地综合整治的政策逻辑转向主要包括以下几个方面。

第一，转变整治战略，转向多目标整治。土地整治以实现耕地占补平衡、保障粮食安全、促进土地节约集约利用为战略，以新增耕地为主导目标。而全域土地综合整治的战略则已转变为在保障粮食安全的同时，推进乡村全面振兴、促进生态文明建设和农业农村现代化；其目标则着眼于优化国土空间、保护耕地、改良土地、提升节约集约用地水平、修复乡村生态环境、保障土地可持续利用、改善居住环境、保护乡村历史文化等，以促进乡村发展。

第二，局部转向全覆盖整治、单要素转向全要素整治。土地整治主要局限在可造地的地块上，以单一要素整治为主。而全域土地综合整治则主要以乡镇为单元，基于生命共同体理念，将山水林田湖草村城海等要素统筹在一个整治空间内，找准限制因素，补齐设施短板，延长产业链和价值链，突破了以往开天窗式的整治局限，实现了乡村空间重塑。同时全域土地综合整治更加注重从区域规划角度出发，对农村一定区域内的国土空间利用进行整体提升，更加注重服务城乡融合发展，着力补齐乡村基础设施短板，促进城乡之间要素流动。

第三，拓展整治内容，调整整治功能。土地整治以耕地垦造、地力提升、旱改水、高标准农田建设、闲置毁损建设用地复垦以及宜农后备资源开发中的某一项为主要内容。而全域土地综合整治则不仅包含前述内容，还包含规划搬迁村庄的建新拆旧、低效建设用地腾退、耕地下山、林地上山、历史文化村落和遗产保护、配套基础设施和公共设施建设、现代农业园区建设、废弃矿山和退化土地生态修复等内容。其通过全域的调整、恢复、修复、建设，将空间优化落地，治好空间“已病”和“未病”，实现土地“再创生”，提供发展建设空间，满足新时代对土地功能的新需要。

第四，提升空间品质，增加综合效益。全域土地综合整治以优化国土空间形态、结构和布局，修复调整国土空间功能，协调人地之间的生产、生活或生态关系为根本，并结合“土地整治+”模式，促进现代农业、旅游业、特色产业等发展，推动空间立体开发、复合利用，彰显乡村独特地域特色、建筑风貌及自然肌理之美，它更加注重

① 参见《自然资源部办公厅关于严守底线规范开展全域土地综合整治试点工作有关要求的通知》。

农村空间与村庄规划有效衔接的路径探索，将其作为落实国土空间规划、持续优化空间格局的有效手段。

二、全域土地综合整治的三大任务

全域土地综合整治的三大任务通常包括农用地整理、建设用地整理和乡村生态保护修复。这三大任务相互关联，共同构成了全域土地综合整治的核心内容，旨在实现土地资源的优化配置、农业生产条件的改善、农村生态环境的提升，以及促进乡村振兴。

（一）农用地整理

全域土地综合整治中的农用地整理是一个系统性工程，其核心目标是通过科学规划和综合治理，优化土地利用结构，提升耕地质量，增加耕地面积，改善农业生产条件和生态环境，从而促进乡村振兴和农业农村现代化。农用地整理强调耕地数量、质量和生态的“三位一体”保护，通过土地整治补充耕地，确保村庄规划中永久基本农田面积和耕地保有量面积，同时提升耕地质量。其中包括对现有耕地进行提质改造，增加耕地土壤有机质含量，提高耕地的生态服务功能和粮食生产能力。

（二）建设用地整理

全域土地综合整治中的建设用地整理是指在一定区域内，以提高土地节约集约利用水平为目的，对利用率不高的村庄用地、城镇用地、独立工矿用地、交通和水利设施用地等建设用地进行综合整治的活动。其中包括农村建设用地整理和城镇工矿建设用地整理。在实施建设用地整理时，首先要做到规划引领，应依据国土空间规划确定建设用地整理的目标和方向，确保整理活动符合区域发展的长远规划。其次要做到分类施策，应根据建设用地的不同类型和特点，采取不同的整理措施，如对闲置土地进行复垦，对低效用地进行再开发等。最后要做到群众参与，在进行建设用地整理时，应当鼓励当地群众积极参与，通过投工投劳等方式，提高群众的参与度和获得感。

（三）乡村生态保护修复

全域土地综合整治中的乡村生态保护修复是指在一定区域内，以国土空间规划为引领，对乡村地区的自然生态系统进行保护和修复的活动。其中包括对受损、退化、功能下降的森林、草原、湿地、荒漠、河流、湖泊、沙漠等自然生态系统的修复。进行乡村生态保护修复可以提升生态系统的服务功能，通过生态保护修复，可以增强生态系统的自我调节和恢复能力，提高其提供食物、水源、气候调节等基本生态服务的能力；可以保护生物多样性，生态保护修复有助于保护和恢复野生动植物的栖息地，维护生物多样性，对于保护濒危物种和遗传资源具有重要意义；可以改善农村人居环境，通过改善乡村的生态环境，提升农村居民的生活质量，促进农村地区的可持续发展；可以结合农村人居环境整治，优化调整生态用地布局，统筹推进废弃矿山生态修复、水土流失治理、造林绿化、小微湿地建设等各类乡村生态修复工程，提高自然灾害防御能力，打造美丽乡村。江西省自然资源厅关于开展全域土地综合整治试点工作流程见图 7-1。

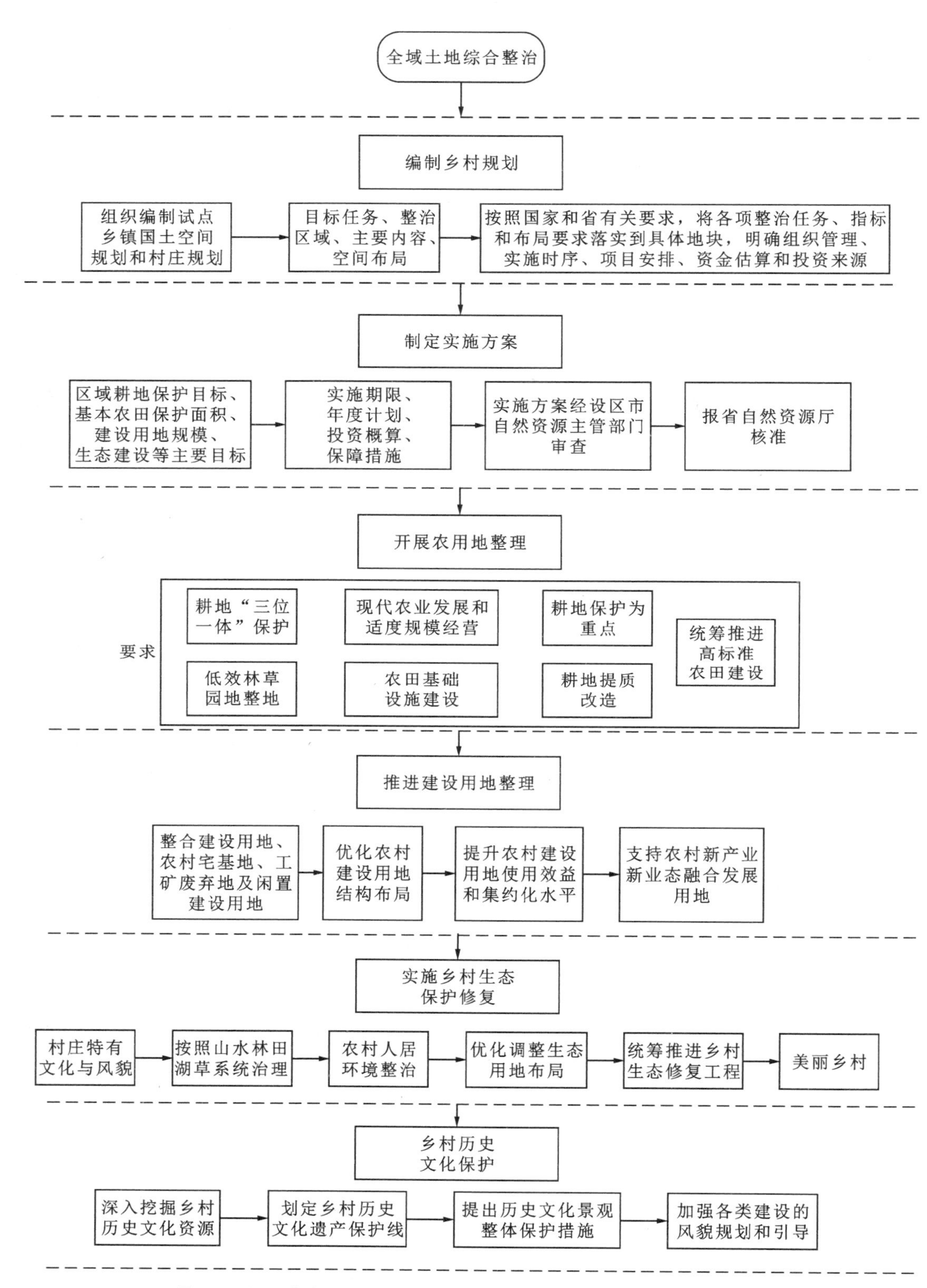

图 7-1　江西省自然资源厅关于开展全域土地综合整治试点工作流程

三、全域土地综合整治的政策措施

全域土地综合整治作为一个多维度、跨领域的综合性政策体系，坚持“全空间”“全部门”“全要素”“全周期”的“四全”系统思想，强调国土空间规划的“龙头”引领，注重生产、生活、生态的“三生”空间重点整治，实现永续发展型的综合整治，其政策措施主要围绕以下几个方面展开。

（一）合理调整永久基本农田

整治区域内涉及永久基本农田调整的，县级政府应按要求编制永久基本农田调整方案，经设区市自然资源主管部门会同农业农村主管部门审查，报省自然资源厅会同省农业农村厅审核同意后，纳入村庄规划予以实施，确保新增永久基本农田面积不少于调整面积的5%。整治区域完成整治任务并通过验收后，及时通过永久基本农田监管系统备案，更新完善永久基本农田数据库。

（二）保障乡村振兴发展用地

在符合国土空间规划的前提下，整治验收后腾出的建设用地，优先保障整治区域内农民安置、农村基础设施建设和公共服务设施建设，重点用于农村一、二、三产业融合发展。

（三）用好指标流转政策

全域土地综合整治腾退并通过验收的城乡建设用地增减挂钩节余指标，以及补充耕地指标，可参照部、省指标调剂的相关政策，通过省级指标交易平台，在省域范围内优先交易流转。指标流转所得收益主要用于巩固脱贫攻坚成果、支持实施乡村振兴战略等支出。

（四）计划指标支持

取得自然资源部对国家试点工作给予一定的计划指标支持后，在保障整治区域内各项建设计划指标的前提下，试点县（市、区）政府可统筹安排使用。

各项政策措施为全国各地推进全域土地综合整治做好了顶层设计，为各级政府点明了全域土地综合整治的重点，也是在某种程度上划定好了各级政府在使用全域土地综合整治这项政策工具的边界。

四、全域土地综合整治的政策工具

全域土地综合整治作为一项综合治理离不开各项政策工具的发挥，它们共同构成了全域土地综合整治实现土地资源优化配置、提升土地利用效率、保护生态环境、促进社会经济可持续发展的机制。其政策工具主要有以下几个。

（一）耕地占补平衡

全域土地综合整治中的耕地占补平衡是指在土地开发利用过程中，对占用的耕地进行补偿，以确保耕地数量和质量的稳定。这项政策工具的核心在于确保耕地资源的可持续利用，同时支持经济发展和农业现代化。耕地占补平衡政策强调在保持耕地数量总体稳定的前提下，全力提升耕地质量，坚持高标准农田建设与农田水利建设相结合，真正把永久基本农田建成高标准农田。严格落实耕地占补平衡，切实做到数量平衡、质量平衡、产能平衡，坚决防止占多补少、占优补劣、占整补散。同时要建立占补平衡责任落实机制，国家严格管控各省（自治区、直辖市）耕地总量，确保不突破全国耕地保护目标；各省（自治区、直辖市）加强对省域内耕地占用补充工作的统筹，确保年度耕地总量动态平衡；市县抓好落实，从严管控耕地占用，补足补优耕地。

（二）城乡建设用地增减挂钩

全域土地综合整治中的城乡建设用地增减挂钩是指依据土地利用总体规划，将拟整理复垦为耕地的农村建设用地地块（拆旧地块）和拟用于城镇建设的地块（建新地块）组成项目区，通过建新拆旧和土地整理复垦等措施，在保证项目区内各类土地面积平衡的基础上，实现增加耕地有效面积，提高耕地质量，节约集约利用建设用地，优化城乡用地布局的目标。在实施城乡建设用地增减挂钩时，应当以国土空间规划为引领，科学编制农村土地整治规划，统筹安排增减挂钩和农用地整理的规模、布局和时序。通过城乡建设用地增减挂钩这一政策工具，能够有效地促进土地资源的合理利用，支持乡村振兴战略的实施，实现城乡发展的均衡。

（三）农村集体经营性建设用地入市

全域土地综合整治中的农村集体经营性建设用地入市是指在符合国土空间规划、用途管制和依法取得的前提下，允许农村集体经营性建设用地的使用权通过出让、租赁、入股等方式，交由单位或个人在一定年限内有偿使用。这一政策工具能够有效促进城乡统一建设用地市场建设，实现城乡土地平等入市、公平竞争，支持乡村振兴和农村一二三产业融合发展，优化土地资源配置，提高土地使用效率。在实施农村集体经营性建设用地入市时应注意规划引领，即入市地块必须符合国土空间规划确定的工业、商业等经营性用途，并依法完成集体土地所有权和使用权确权登记。

第二节　全域土地综合整治的管控与引导

村庄规划作为城镇开发边界以外乡村地区的详细规划，是全域土地综合整治实施方案编制的规划依据。全域土地综合整治试点地区应同步编制村庄规划与全域土地综合整治实施方案，实现二者相互衔接。具体到村庄规划编制内容中，有关全域土地综合整治的管控与引导应包含“三管控一引导”[①]。

一、指标管控：明确分类整治目标

在村庄规划中明确提出，未来进行全域土地综合整治的农用地、建设用地的整治力度和生态保护修复的目标是至关重要的。这不仅涉及落实上级规划传导要求中的各项指标，如永久基本农田规模、耕地保有量、建设用地减量化规模、生态保护红线规模等，还包括对有条件地区细化提出整治区域内补充耕地数量、村庄建设用地与工矿废弃地整治规模及生态管控区规模等指标的需求。

土地整治与生态修复是优化国土空间格局、推进乡村振兴和实现可持续发展的重要途径。通过探讨两者之间的内在逻辑，可以增强两者的互动关系和集成效应，从而构建两者的衔接与融合机制。这意味着，在进行村庄规划时，需要考虑如何将土地综合整治与国土空间生态修复有效结合，以实现双重目标。

科学、严谨地对村庄建设用地规模进行测算，是划定村庄建设用地边界的前置条件，也是进行村庄规划的必要前提[②]。这表明，在规划过程中，必须基于国土空间规划体系，对村庄建设用地规模进行合理的控制和分配。

此外，全域土地综合整治项目生态修复效果评估体系的构建，为大都市区域国土空间生态修复工作提供了理论基础[③]。这说明在进行村庄规划时，还需要考虑如何建立一个系统性的量化指标体系，以便更好地评估和监控全域土地综合整治和国土空间生态修复的效果。

在实施全域土地综合整治时，还需考虑到乡村振兴战略背景下的新要求，即通过高起点全域规划、高标准全域设计、高效率全域整治，建成农田集中连片、建设用地集中集聚、空间形态集约高效的新格局[④]。这一点强调了在村庄规划中，不仅要考虑土地的有效利用，还要注重生态保护和修复，以及乡村振兴的整体目标。

村庄规划中的全域土地综合整治不仅要落实上级规划传导要求中的各项指标，还要细化提出有条件地区的具体整治目标，同时结合土地综合整治与国土空间生态修复的内在逻辑，科学合理地控制和分配建设用地规模，建立系统性的量化参照系，并以乡村振兴战略为指导，推动乡村全面发展。

---

① 闫海，张飞．全域土地综合整治视角下国土空间规划应对策略研究——以江苏省建湖县高作镇为例［J］．规划师，2021（7）：36-44.

② 艾玉红，董文，吴思，等．国土空间规划体系下村庄建设用地规模研究［J］．小城镇建设，2021（1）：24-31.

③ 仪小梅，陈敏，顾文怡．全域土地综合整治项目生态修复效果评估体系初步构建［J］．上海国土资源，2022（4）：86-90，104.

④ 胡一婧．关于开展乡村全域土地综合整治与生态修复助力乡村振兴的思考［J］．浙江国土资源，2020（12）：40-42.

二、边界管控：分类划定整治地块

全域土地综合整治是实现乡村振兴、推进城乡一体化发展的重要手段。全域土地综合整治不仅关注生态保护和修复，还涉及农业空间优化和建设空间整理。

（一）生态空间方面

全域土地综合整治强调生态保护红线和生态管控区的落实，旨在深化和细化各类生态用地[①]。这与村庄规划中对生态功能区的划分和保护是一致的，有助于指导后续的生态保护与修复工作。此外，全域土地综合整治还强调生态修复的重要性，通过耕地与农田网络、宅基地与民居建筑等要素的一一对应，实现生态修复与土地整治的融合。

（二）农业空间方面

全域土地综合整治通过明确村域范围内的耕地布局和永久基本农田保护区范围，优化了农业空间的利用[②]。这有助于提高耕地质量，促进农业高质量发展。同时，结合耕地质量等级调查数据，对现状耕地质量进行评价与分析，进一步优化了农用地整治区域的划定，为制定具体的灌排体系、田块整理及土壤肥力提升措施提供了依据[③]。

（三）建设空间方面

全域土地综合整治通过准确划定村庄建设控制区范围，明确了建设用地整理的具体斑块。这有助于合理安排各类配套设施建设，提升公共空间的质量，同时也促进了建设用地的集约利用[④]。

全域土地综合整治为村庄规划提供了一个全面、系统的框架，不仅关注生态保护和修复，还涵盖了农业空间优化和建设空间整理。这有助于将村庄规划中有关乡村地区生态、农业和建设等空间布局优化的蓝图变成现实，进一步优化空间布局方面的规划内容。因此，在村庄规划编制过程中，应结合全域土地综合整治工作的政策要求，深化和细化各类生态用地，明确农业空间和建设空间的优化路径，以实现乡村振兴和城乡一体化发展的目标。

---

① 杨忍，刘芮彤．农村全域土地综合整治与国土空间生态修复：衔接与融合［J］．现代城市研究，2021（3）：23-32.

② 刘恬，胡伟艳，杜晓华，等．基于村庄类型的全域土地综合整治研究［J］．中国土地科学，2021（5）：100-108.

③ 何亚龙．国土空间规划下全域土地综合整治与生态修复——以陇西县农业空间为例［J］．小城镇建设，2022（8）：51-58.

④ 赵守谅，周湘，陈婷婷，等．国土综合整治规划与村庄规划的衔接思路探讨［J］．规划师，2021（12）：23-28.

三、名录管控：建立整治项目清单

在指标和边界管控的基础上，村庄规划中进一步明确整治项目的分类管控目录，是实现乡村振兴战略和全域土地综合整治目标的关键步骤。通过对整治项目类型、范围、目标、规模及措施的明确，可以有效指导村庄的发展方向和优化路径，从而促进村庄空间布局的合理化和功能提升①。有条件的地区还可以进一步明确具体的整治时序、工程项目、资金估算及投资来源等，这不仅有助于提高整治项目的实施效率，还能确保资金使用的合理性和投资回报的最大化。此外，将整治项目与全域土地综合整治实施方案编制紧密衔接，是确保村庄规划与国家战略同步推进的重要保障。通过将村庄规划纳入国土空间规划体系，可以实现规划内容的无缝对接，优化资源配置，提高规划实施的科学性和有效性②。同时，通过加强技术导则和创新整治策略，可以为村庄提供更加精准和高效的发展支持，进一步促进乡村振兴和生态文明建设。

总之，在指标和边界管控的基础上，通过明确整治项目的分类管控目录，并与全域土地综合整治实施方案紧密衔接，不仅可以优化村庄的空间布局和功能提升，还能为乡村振兴和生态文明建设提供坚实的支撑。这要求实施主体在实践中不断探索和完善相关政策和措施，以确保村庄规划的科学性、合理性和可操作性。

四、时序引导：制订实施时序计划

全域土地综合整治是一项旨在优化国土空间开发保护格局、促进农业农村高质量发展的重要工程。它不仅关注短期内的土地整理和生态修复，而且着眼于长远的乡村振兴和可持续发展。根据现有研究，全域土地综合整治应坚持目标导向、问题导向与效果导向相结合，考虑村庄的自然本底供给条件和社会经济发展需求，开展差异化的实践路径。同时，国土综合整治规划与村庄规划之间的衔接问题需要得到重视，通过明确两者间的规划关系、加强内容衔接、完善技术导则等措施，保障国土综合整治实施，助力乡村振兴。

村庄规划作为国土空间规划体系中乡村地区的详细规划，不仅包含对乡村近期建设的实施内容，也涵盖了对乡村远期建设的谋划与管控。因此，村庄规划中应制订相应的实施时序计划，明确近期和远期工作重点，有条件的地区还可制订年度实施计划，从而更加精准地指导全域土地综合整治实施方案的编制。这一过程中，村庄规划与全域土地综合整治的融合研究显示，两者的融合对于实现乡村振兴具有重要意义③。

全域土地综合整治与村庄规划的有效衔接，对于推动乡村振兴战略、实现农业农村现代化具有重要作用。通过差异化的实践路径、加强规划内容衔接、完善技术导则

---

① 唐林楠，刘玉，潘瑜春，等．基于适宜性-规划-等级的村庄整治类型划分研究［J］．农业机械学报，2022（4）：218-227.

② 刘扬，吕佳．村庄规划视角下全域土地综合整治探讨［J］．小城镇建设，2021（1）：32-37.

③ 宋依芸，何汇域，唐娟．国土空间规划体系下村庄规划与全域土地综合整治融合研究［J］．农村经济与科技，2021（17）：3-6.

等措施，可以更好地促进国土资源的合理利用和生态环境的改善，为乡村振兴提供坚实的基础。

第三节　全域土地综合整治模式与路径

全域土地综合整治是解决“三农”问题、实现乡村振兴的重要举措。2018 年以来，各地积极开展全域土地综合整治实践，创新了全域土地综合整治新模式，如合村聚类规划模式、城乡一体发展模式、现代农业引领模式、乡村旅游带动模式、农田整治保护模式，以及产业生态融合模式等。各类发展模式侧重不同，笔者对各发展模式的整治重点、应用场景，以及促进乡村振兴的路径进行总结，具体如表 7-1 所示。

表 7-1　全域土地综合整治模式比较表

发展模式	整治重点	应用场景	促进乡村振兴的路径
合村聚类规划模式	集约利用土地，建设村民集聚区，进行环境修复和废弃宅基地复耕	山区较为陈旧的乡村	通过合村聚类，减少农村空心化现象，提高土地利用效率，优化村庄结构，为乡村产业发展提供更集中、便捷的服务和基础设施
城乡一体发展模式	结合乡村发展需求，整治低效用地，保留城市周边稀缺的耕地	城镇近郊区	整合城市和乡村的资源要素，促进优势互补，形成产业融合，推动乡村产业结构优化升级，提高农民收入
现代农业引领模式	整合农地资源，加快土地要素流转，发展绿色农业	现有中心乡村和继续保留的普通乡村	通过土地整合和要素流转，实现农业规模经营，提高农业生产效率，提高农产品的品质和安全，推动现代农业产业的发展
乡村旅游带动模式	开发利用特色资源，发展乡村特色旅游产业	历史文化底蕴和资源丰富的乡村	将乡村特色资源转化为旅游产品和服务，促进乡村经济多元化发展，增强乡村的吸引力和竞争力
农田整治保护模式	提升耕地质量和产值，保护农田资源	存在大规模农田的乡村	通过对农田的整治和改良，增加农田产值，保障农田面积稳定，增强乡村经济的稳定性
产业生态融合模式	构建农业与二三产业交叉融合的现代产业体系，促进乡村发展	一二三产业势均力敌的乡村	通过产业融合，推动乡村经济多元发展，促进新业态兴起，吸引外出务工人员返乡创业就业，激发乡村经济活力，促进乡村振兴

一、合村聚类规划模式——维护生态环境，规划乡村布局

合村聚类规划模式是指在乡村发展过程中，通过合并村庄和聚集村民居住点，实现乡村布局的合理规划和优化。这一模式的目标是维护生态环境，提高资源利用效率，促进乡村发展的可持续性和生态健康。在合村聚类规划模式下，合并村庄和聚集居住点可以实现几个方面的好处。资源集约利用——合并村庄和聚集居住点可以集中利用有限的土地、水资源和基础设施，提高资源利用效率。这有助于减少农地碎片化，避免过度开发，保护农田和生态环境。交通便利和服务设施改善——合并村庄和聚集居住点可以提高乡村交通的便利性，减少农民的交通成本。同时，集中布局还有助于提供更好的基础设施和公共服务设施，如道路、供水、电力、教育、医疗等，提高居民的生活质量。社会交流和合作机会增加——合并村庄和聚集居住点可以增加村民之间的交流和合作机会，促进社会互动和共享资源。这有助于加强社区凝聚力，提升乡村发展的整体效益。

该模式应用于山区较为陈旧的乡村，响应国家宅基地制度改革的号召，集约利用、盘活和修复土地，建设村民集聚区，进行废弃宅基地的复林和复耕工作。

此处以广西北流市“河村模式”科学引导农民集居为例。广西北流市新圩镇河村通过实施合村聚类规划模式，成功地维护了生态环境并优化了乡村布局，特别是在全域土地综合整治方面取得了显著成效。河村的全域土地综合整治工作以提升土地利用效率和改善村民生活环境为核心。首先，该村通过土地集中流转，将分散的土地资源进行整合，提高了农业生产的规模化和集约化水平。通过这种方式，河村不仅增加了耕地面积，还优化了土地的耕作结构，提高了土地产出率。

在生态环境保护方面，河村重视生态修复和绿化工作，实施了一系列生态工程，如河道整治、湿地保护和植树造林等，有效改善了当地的生态环境，提升了生物多样性。此外，该村还推行了垃圾分类和资源化利用，减少了环境污染，提高了资源循环利用率。

河村在规划乡村布局时，充分考虑了村民的生产生活需求和村庄的可持续发展。通过合理规划居民点和公共服务设施，河村改善了村民的居住条件，提供了便利的生活服务。同时，该村还依托当地的自然资源和文化特色，发展了乡村旅游等产业，带动了村民增收和经济发展。河村的全域土地综合整治工作，不仅提升了土地资源的利用效率，还促进了生态环境的改善和乡村经济的发展，为实现乡村振兴战略目标奠定了坚实的基础。通过这一系列的整治措施，河村成为一个生态宜居、经济发展、社会和谐的美丽乡村。

二、城乡一体发展模式——规划高效用地，建设郊野公园

城乡一体发展模式是指在城市化进程中，将城市和农村区域有机地结合起来，将城市功能和农村产业相结合，提高土地的利用效率和产出效益，促进城乡经济、社会和生态的协调发展。在这种模式下，规划高效用地并建设郊野公园是重要的举措之一。

郊野公园是指位于城市周边地区的绿地空间，具有保护生态环境、提供休闲娱乐

和生态教育功能的特点。建设郊野公园有助于改善城市居民的生活环境，提供休闲健身的场所，并促进城市与农村之间的交流与合作。

该模式应用于城镇近郊区，结合乡村自身发展需求，整治以“低、散、乱”为特征的低效用地，加快促进城乡产业融合，保留城市周边稀缺的耕地。

此处以上海市生态基地调查“郊野公园”为例。上海在推进全域土地综合整治的过程中，建立了城乡一体发展模式，旨在通过高效用地规划和郊野公园建设，实现生态保护与修复，优化生态空间格局，改善农村人居环境，推动乡村全面振兴。

在郊野公园建设方面，上海市结合土地综合整治重大工程，探索了以景观风貌、景观格局、生物多样性、水土环境质量等为主要内容的生态基底调查实践。例如，松江区新浜村土地综合整治项目构建了评价体系，涵盖自然生态、景观效应、社会人文等维度，并开展实地调查，确定具有保护价值的乡土风貌保留点，为土地综合整治区域景观风貌结构布局、景观游线与特色节点设计提供了支撑。在生态保护修复重点区域的识别上，上海市通过建立景观生态调查指数，对金山区漕泾镇等项目进行了景观格局分析评价，针对景观破碎化、斑块形状不规则等问题，进行了全域规划和整体设计，选址国土空间生态修复示范区，集中开展生态保护修复与功能提升工程。在生物多样性调查方面，上海市在多个土地综合整治项目区开展了全域性、系统性生物多样性调查，支撑项目生态工程设计。例如，漕泾郊野公园调查结果显示了生物多样性的现状，并提出了相应的生态保育工程设计方案，如农林湿复合利用、近自然生命地标群落构建等。在水土环境质量调查方面，上海市在多个项目区开展了土壤、地下水、地表水环境质量调查，识别并量化评价了农村点源污染、农业面源污染等环境风险，以土地综合整治为平台，开展农业面源污染防控技术示范，取得了良好的生态效益。

此外，上海市还提出了思考与建议，包括将生态基底调查列入土地综合整治前期工作，强化其合法性；科学构建生态基底调查要素体系，确保全面性和实用性；编制适地性生态基底调查技术标准，增强技术可行性；建设生态基底调查数字化信息平台，提升调查效率和信息化水平。这些措施有助于提升土地综合整治的科学性、精准性，提高资金使用效率，实现城乡一体化发展。

三、现代农业引领模式——提升乡村改造，推广现代农业

现代农业引领模式是指在农村发展过程中，通过提升乡村改造技术和推广现代农业技术，促进农村经济的转型升级和农民收入的增加。这一模式的目标是实现农业现代化、乡村振兴和农民富裕。

在现代农业引领模式下，乡村改造是一个关键环节。乡村改造包括改善农村基础设施、提升农村居民生活条件、优化农村产业结构等方面。通过改善基础设施，如道路、供水、电力等，可以提高农村生产和生活的便利性。同时，提升农村居民生活条件，如建设农村文化设施、改善居住环境等，可以增加农民的幸福感和满意度。此外，优化农村产业结构，推动农村产业多元化和现代化，有助于提高农民的收入水平和增加就业机会。推广现代农业技术也是现代农业引领模式的重要内容。现代农业技术包括先进的农业生产技术、农业机械化、农业信息化等。通过引进和推广现代农业技术，可以提高农业生产效率和质量，降低生产成本，增加农民的收益。例如，利用科学种

植技术和设施农业技术，可以实现农作物的高产、优质和节水种植；应用现代农机和农业机械化技术，可以提高农业生产的效率和劳动力的利用率；借助农业信息化技术，可以提供农业市场信息、农业技术指导等支持，帮助农民做出科学决策。

该模式应用于现有中心乡村和继续保留的普通乡村，整合现有农地资源，加快土地要素流转，推进农房集聚，实现“一户多宅”，推倒农地占用所建违法建筑，发展保质保量的绿色农业。

此处以浙江双桥村全域土地综合整治——千亩花田的美丽变身为例。2020年，运河街道争创农业型美丽城镇省级样板，其中双桥村通过前期全域土地综合整治工作，整理出千亩水田，引进农业种植大户，集中连片种植了千亩优质油菜；并以农、文、旅结合的方式，吸引周边群众前来观光旅游，既改善了村庄的人居环境，又增加了经济效益，促进农民增收。通过土地整治，双桥村的甲鱼塘变良田，整治出287亩旱改水的指标。

随后“乡村CEO”郑巧飞又和村里合作推出了“春天千亩油菜踏青季”“夏天乡村插秧体验营”“秋天新长征稻作嘉年华”“冬天双桥甲鱼迎福季”四大品牌旅游活动，还推出乡村文创、农耕体验等研学活动。在强村公司的运营下，村里的资源得到有效盘活。

四、乡村旅游带动模式——保护特色资源，助力乡村旅游

乡村旅游带动模式是指通过保护特色资源和发展乡村旅游业，促进农村经济发展和乡村振兴。这一模式的目标是通过旅游业的发展，改善农村居民生活条件，增加农民收入，并提升乡村形象和吸引力。保护特色资源是乡村旅游带动模式的核心。乡村地区通常具有独特的自然风景、人文历史和民俗文化等特色资源。通过保护和开发这些资源，可以吸引游客前来观光、体验和消费，从而带动乡村旅游业的发展。保护特色资源包括保护自然环境、保护传统村落和民居、保护文化遗产等方面。同时，要注重与当地居民和社区的合作，确保资源的可持续利用和保护。

该模式应用于历史文化底蕴丰厚和资源丰富的乡村，延续乡村现有底蕴，借助新时代生态理念修复环境，开发利用特色资源，发展乡村特色旅游产业。

此处以浙江青山村乡村旅游带动模式为例。浙江省余杭区青山村通过全域土地综合整治，成功打造了以乡村旅游为特色的乡村发展模式。面对自然资源丰富的优势，青山村采取了一系列措施，将自然资源的保护与合理利用相结合，推动了乡村经济的可持续发展。

首先，青山村实施了生态保护工程，加强了对森林、溪流等自然资源的保护，通过植树造林、水土保持等措施，维护了生态平衡，提升了村庄的生态环境质量。这些举措不仅保护了自然资源，还为乡村旅游提供了良好的基础。其次，青山村依托其自然资源，开发了多样化的乡村旅游项目。例如，利用森林资源开展徒步、登山等户外活动，利用清澈的溪流发展垂钓、亲水娱乐项目，以及依托肥沃土地发展农家乐、采摘园等农业体验活动。这些项目不仅丰富了游客的旅游体验，也为村民创造了就业机会，带动了当地经济的发展。在全域土地综合整治的过程中，青山村还注重提升旅游服务质量和基础设施建设。通过培训村民提高服务意识和技能，加强旅游基础设施如

停车场、游客中心、旅游厕所等的建设，为游客提供了便利，提升了旅游体验。最后，青山村在发展乡村旅游的同时，也注重村庄的整体规划和环境整治。通过改善村庄环境，提升村民生活质量，实现了村庄环境与乡村旅游的和谐共生。

通过这一系列的全域土地综合整治措施，青山村成功地将自然资源优势转化为经济发展动力，实现了乡村旅游与生态环境保护的双赢。青山村的案例证明了全域土地综合整治在推动乡村振兴中的重要作用，为其他乡村提供了可借鉴的经验。如今，青山村已成为知名的乡村旅游目的地，村民们的生活水平显著提高，对未来充满信心。青山村的成功经验为其他乡村提供了宝贵借鉴，证明了保护自然资源、发展乡村旅游是实现乡村振兴的有效途径。

五、农田整治保护模式——展现农田景观，提升耕地质量

农田整治保护模式是指通过对农田进行整治和保护，展现农田景观的美丽和独特性，提升耕地的质量和可持续利用性。这一模式的目标是保护农田资源，提高农业生产效率，促进农村经济发展和农民收入增加。

农田整治包括地貌调整和水土保持——通过对农田的地貌调整，如坡耕地改造等，优化农田的形态和结构，提高土地的利用率，提升农作物的生长条件。同时，实施水土保持措施，如梯田建设、水土保持林带等，减少水土流失，保护农田的生态环境。水资源调控和节水灌溉——通过规划和建设灌溉设施，合理调控水资源，实现农田的科学灌溉和合理利用。推广节水灌溉技术，如滴灌、喷灌等，减少水的浪费，提高水资源的利用效率。土壤改良和肥料利用——通过土壤改良措施，如有机肥料施用、翻耕、深松耕等，改善土壤质量，提高农作物的产量，提升生长条件。同时，推广科学施肥技术，减少化肥的使用量，提高肥料利用率，降低环境污染风险。农田景观规划和保护——注重农田景观的规划和保护，通过合理布局、优化农田景观和生态农业的发展，展现农田的美丽和独特性。这有助于提升农村旅游的吸引力，促进农田和乡村经济的协同发展。

该模式应用于存在大规模农田的乡村，能严守耕地红线，提升粮食安全保障能力，展现规模化农田的经济、社会和生态价值。农田整治保护模式在生态改善的前提下，优化乡村全域土地综合整治与生态修复工程项目区永久基本农田布局，进一步强化永久基本农田数量、质量、生态“三位一体”保护。

此处以浙江永安村“稻香小镇”整治模式为例。浙江省余杭区永安村通过实施农田整治保护模式，成功展现了农田景观并显著提升了耕地质量。永安村拥有 7.092 平方公里的区域面积，其中 5259 亩为基本农田，这构成了村庄发展的初始要素和核心资源。面对城镇化进程中耕地保护的挑战，永安村采取了一系列创新措施。

首先，永安村在 2015 年设立了田长制度，由村书记担任田长，成为全国首个田长制试点村。这一制度的建立，为耕地保护提供了长效治理机制，有效解决了耕地撂荒和非农化、非粮化的问题。2016 年，余杭区在全区层面推广了“田长制”，形成了“镇（街）总田长＋村级田长＋网格田长”的工作格局，进一步加强了耕地保护。其次，永安村通过土地集中流转，将村民的土地统一流转至村集体，再发包给专业大户，实现了粮食生产的机械化和规模化。这一措施不仅提高了土地产出收益，也提升了耕地质

量，显著增加了村民收入，村民每亩土地的租金收入从800多元提高至1400多元。此外，永安村还注重农田景观的打造，通过绿色稻田、木板游步道等元素，形成了一幅村美人和的动人画卷。这种景观的营造，不仅提升了村庄的生态环境，也吸引了游客，带动了乡村旅游的发展。

永安村的全域土地综合整治工作，实现了耕地保护与经济发展的双赢。通过田长制的实施、土地流转的集中化以及农田景观的打造，永安村不仅保护了耕地，提升了耕地质量，还促进了农民增收和村庄经济的发展，为其他地区提供了可借鉴的经验。

六、产业生态融合模式——统筹多元产业，促进要素多元流动

产业生态融合模式是指通过统筹多元产业，促进不同产业要素的多元流动和协同发展，实现产业融合和优势互补。这一模式的目标是促进经济增长、提高产业效益，并推动区域经济的可持续发展。

在产业生态融合模式下，主要包括产业链延伸和衔接——通过产业链的延伸和衔接，将不同产业环节有机连接起来，形成产业协同效应。例如，农业与农产品加工、农业与旅游业的结合等，实现农产品的深加工和农业旅游的开发，提升附加值和经济效益。资源共享和优势互补——不同产业之间可以实现资源的共享和优势的互补。例如，农业废弃物可以用于能源生产或有机肥料制造；农田灌溉用水可以与工业废水处理进行协同利用等，实现资源的高效利用和循环利用。创新驱动和技术应用——通过创新驱动和技术应用，推动产业的升级和转型。引入先进的生产技术和管理方法，提升产业的竞争力和效率。例如，农业科技的应用、智能制造技术在传统产业中的应用等，推动产业的创新和发展。人才培养和要素流动——注重人才培养和要素流动，促进产业间的交流与合作。通过培养跨领域的复合型人才，推动不同产业间的合作与创新。同时，促进资本、技术和市场等要素的流动，增强产业的协同效应和整体发展。

该模式应用于一二三产业势均力敌的乡村，为了发展生态农业与产业融合新模式，着力构建农业与二三产业交叉融合的现代产业体系，加快形成城乡一体化的农村发展新格局，为建设“两富＋两美”的现代化贡献力量。

此处以浙江省东衡村——浙江特色乡村全域土地综合整治与生态修复2.0版为例。浙江省东衡村在推进全域土地综合整治中，成功探索了产业生态融合模式，有效统筹了多元产业，促进了要素的多元流动。该村以村民的主人翁身份参与为核心，尊重并维护村民利益，通过集中村内废弃矿地和分散土地，结合市场化机制，创新推进了特色智慧农业、钢琴文化产业和乡村休闲旅游业，实现了一二三产业的融合发展。东衡村的全域土地综合整治工程，是国家级整治试点项目。村党委书记章顺龙认为，土地是村民生存的根本，提高土地使用率和盘活土地价值，必须尊重村民诉求。通过这一整治，村内2000余亩矿地得以复垦为良田，同时建立了700多亩的洛舍钢琴众创园，吸引了46家钢琴企业入驻，形成了从研发、生产、销售到培训的完整产业链，年产值达到2亿元，为近千人提供了就业机会。

东衡村的案例显示，创新的土地利用方式和产业融合，不仅提升了土地的经济效益，还显著增加了村民的收入。目前，该村近七成的家庭年收入超过20万元，这充分证明了全域土地综合整治与产业生态融合模式的有效性。东衡村的成功实践，为其他

地区提供了宝贵的经验和启示，即在推进土地整治和产业发展中，必须充分考虑和平衡各方利益，尊重村民意愿，实现共建共享，以促进社会经济的全面进步和民生福祉的持续增进。

— 本章小结 —

全域土地综合整治是一个不断变化发展的过程，在新时代背景下，全域土地综合整治的概念又有着全新的内涵。全域土地综合整治是促进生态文明、城乡融合和乡村振兴战略实现的政策工具，是针对特定范围内的全域资源环境问题和土地开发利用矛盾开展系统治理的国土综合整治活动。与土地整治概念相比，它是以土地整治为手段撬动经济、社会、生态三方面的整体发展模式，包含“全空间”规划、“全要素”整治、“全产业”发展三方面特征。它是在现有农村土地综合整治的基础上，对农村生态等进行全域优化布局，对田、水、路、林、村等进行全要素综合整治，对高标准农田进行连片提质建设，对存量建设用地进行集中盘活，对美丽乡村和产业融合发展用地进行集约精准保障，对农村人居环境进行统一治理修复，目的是进一步发挥土地在农业农村发展中的基础性、引导性、控制性作用，促进土地利用方式和经济发展方式的转变。

— 关键术语 —

全域土地综合整治　生态文明思想　永久基本农田

— 复习思考题 —

1. 请解释全域土地综合整治如何影响村庄规划的发展和实施。

2. 如何通过全域土地综合整治的政策措施来解决乡村的耕地碎片化、空间布局无序化、土地资源利用低效化、生态质量退化等问题？

3. 对于永久基本农田的保护和调整，应当如何在满足农业生产需要和保护环境之间取得平衡？

第八章

村庄规划中的点状供地及庭院经济

◆ **重点问题**

- 点状供地的内涵及做法
- 点状供地政策对乡村振兴的意义
- 庭院经济的模式选择

第一节　点状供地政策探索与具体实践

点状供地是土地获取方式，点状是相对于原来的片状而言的。点状供地将项目用地区分为永久性建设用地和生态保留用地，其中永久性建设用地建多少供多少，剩余部分可只征不转，按租赁、划拨、托管等方式供项目业主使用，项目容积率按垂直开发面积计算，不按项目总用地面积计算。可将其通俗地理解为建多少供多少，用多少土地指标，算多少容积率，通过散点或带状供给建筑用地，而其他周边土地可以通过租赁的方式获得。

一、点状供地政策的出台及地方实践

在国家层面，十八大提出了“坚持工业反哺农业、城市支持农村”的相关政策方针；随后，十九大又提出了“深化供给侧结构性改革、实施乡村振兴战略”；2018 年，在《国家乡村振兴战略规划（2018—2022 年）》中提出“盘活存量，用好流量，辅以增量……保障乡村振兴用地需求”。2021 年，中共中央、国务院印发《关于全面推进乡村振兴加快农业农村现代化的意见》，提出“完善盘活农村存量建设用地政策，优先保障乡村产业发展、乡村建设用地。根据乡村产业分散布局的需要，应探索灵活多样的供地形式”。自然资源部、国家发展改革委、农业农村部联合印发了《关于保障和规范农村一二三产业融合发展用地的通知》，提出“利用农村本地资源开展农产品初加工、

发展休闲观光旅游而必需的配套设施建设，可在不占用永久基本农田和生态保护红线、不突破国土空间规划建设用地指标等约束条件、不破坏生态环境和乡村风貌的前提下，在村庄建设边界外安排少量建设用地，按比例和面积进行适当控制。具体用地准入条件、退出条件等由各省（市、区）制定，并可根据休闲观光等产业的业态特点和地方实际探索供地新方式”。关于点状供地政策出台的现实原因主要有以下三个。

一是传统供地方式占用新增指标多。乡村休闲文旅康养等项目一般占地面积大、容积率相对较低，而传统的片状供地方式占新增指标多、占补平衡任务重，项目用地审批难。

二是传统供地方式的出资方资金压力大。乡村旅游项目运营期长，投资回报慢，而传统片状供地土地浪费多、涉及的资金投入大，开发商难免吃力甚至望而却步，影响乡村产业发展。

三是传统供地方式与村集体冲突大。传统的资本下乡，村集体和村民与开发商直接交往多，容易出现纠纷和毁约等问题。而点状供地则可以根据需要走征转程序，并通过公开出让获取土地产权，确保项目可靠。

由此可见，国家高度重视乡村发展中的用地问题，通过出台的相关政策文件，为地方探索“点状供地”等乡村供地新模式、破解乡村用地难题保驾护航，这些政策也极大地提升和调动了投资者与广大农民的积极性，使乡村振兴的前景变得光明。

从 2017 年开始，安徽、重庆、海南、浙江、广东、云南、北京、湖南、吉林等地相继探索了点状供地相关政策。2019 年 6 月，为加大对乡村产业发展用地的倾斜支持力度，《国务院关于促进乡村产业振兴的指导意见》首次在国家层面提出“点供用地”，探索针对乡村产业的省市县联动“点供”用地。

（一）安徽

2017 年 3 月，《关于印发安徽省“十三五”旅游业发展规划的通知》指出，坚持节约集约用地，改革完善旅游用地制度，创新采取点状、定向、租赁等多种土地供地模式，重点旅游项目建设用地计划纳入全省年度用地计划中统筹安排。

（二）重庆

2017 年 3 月，重庆市国土房管局、重庆市规划局、重庆市旅游局《关于支持旅游发展用地政策的意见》落实生态文明建设要求，坚持“宜农则农、宜林则林、宜建则建”原则，根据地域资源环境承载能力、区位条件和发展潜力，充分依托山林自然风景资源，结合项目区块地形地貌特征，依山就势，按建筑物占地面积、建筑半间距范围及必要的环境用地进行点状布局、点状征地、点状供应旅游项目用地。

（三）海南

2020 年 4 月，海南省自然资源和规划厅印发《关于实施点状用地制度的意见》，明确点状用地的内涵和实施范围、规划管理、审批管理等具体要求，提出实行点状用地差异化供地，并对差异化供地的供地方式、供地面积、供地用途和年限、供地价格以及交易平台作出详细规定。2020年8月31日，《海南省自然资源和规划厅关于实施点状用地制度的意见》提出，建立更加灵活、更加精细的土地利用制度，助力乡村振兴战略实施，促进海南自贸区（港）建设。

（四）浙江

2018年6月30日，浙江省人民政府办公厅发布《关于做好低丘缓坡开发利用推进生态“坡地村镇”建设的若干意见》（以下简称《意见》）。《意见》中明确指出“实行点面结合、差别供地”，即开发建设项目实行项目区供地，项目区为单个地块的，按建设地块单个供地；项目区为多个地块的，按建设地块组合供地。

（五）广东

2018年7月，广东省政府出台的《广东省促进全域旅游发展实施方案》（以下简称《方案》），对旅游用地方面提供了政策扶持，意在解决广东在旅游用地上面临的普遍问题。《方案》明确，支持农村集体经济组织依法依规盘活利用空闲农房和宅基地，改造建设民宿、创客空间等场所，乡镇土地利用总体规划可以预留部分规划建设用地指标（不超过5%）用于零星分散单独选址的乡村旅游设施建设，对乡村旅游项目中属于新产业新业态的用地，以及符合精准扶贫等政策要求的民生用地所需指标，可从省新增建设用地指标中统筹解决。这一政策的提出，既鼓励农村主动参与旅游项目，又为新业态提供了用地保障。比如，民宿的建设就参照这一用地政策。2023年5月，广东省政府出台的《广东省自然资源厅关于实施点状供地助力乡村产业振兴的通知》，聚焦乡村产业振兴，以乡村产业用地规划覆盖不到位、规模指标难落实、用地模式不灵活等问题为导向，以解决基层实际问题为目标，按照“一个聚焦、多点发力”的思路，通过规划、用地、供地、登记、监管全流程的制度创新，切实加强乡村产业用地保障，推动城乡融合发展。

（六）云南

2020年8月，云南省出台《云南省自然资源厅关于实施“点供”用地助力乡村振兴的意见》明确了在用地规模上，原则上单个项目建设用地总面积不超过50亩。同时，明确了乡村基础设施和公共服务设施用地；现代农业、乡村旅游业及其配套设施用地；农村一、二、三产业融合发展项目用地；半山酒店等旅游新业态用地；符合相关规定的其他点状项目用地的准入清单及占用永久基本农田、生态保护红线、限制使用林地区域和相关法律法规及规划确定的禁止建设区的；选址在地质灾害、洪涝灾害危险区，以及处于地质灾害易发区经评估不能建设的；挖山填湖、削峰填谷等破坏生态环境的项目；商品住宅、私家庄园、私人别墅等房地产和变相发展房地产的项目；以及法律法规规定的其他禁止情形的负面清单。

（七）北京

2021年4月，北京市人民政府发布的《北京市生态涵养区生态保护和绿色发展条例》提出，有关区人民政府应当根据北京城市总体规划、分区规划，依法制定农村集体建设用地点状供地规划，明确建设用地来源、分配原则和标准、实施步骤、适用产业类型等内容，加强后期评估与监督管理；点状供地规划应当与林地保护利用、河湖蓝线、基础设施等规划相协调。

（八）湖南

2022 年 9 月 5 日，中共湖南省委、省人民政府发布《关于加快建设世界旅游目的地的意见》，对符合条件的点状用地项目，支持按照“用多少、批多少”的方式实行点状供地；统筹保障乡村旅游用地，在国土空间规划确定的城镇开发边界范围外，村庄规划未批准实施前的过渡期内，单个项目用地面积在 400 平方米以内的零星民宿用地，不占用永久基本农田和生态保护红线的，按规定视同符合村庄规划。

（九）吉林

2023 年 1 月，《吉林省自然资源厅关于实施点状供地助力乡村产业振兴的指导意见》提出：点状供地内涵及项目实施要求；国土空间规划和用地计划保障；征转用审批管理；项目产权和登记发证管理；严格项目用地监管；加强组织领导、加强工作统筹、强化实施管理、建立退出机制、加强评估管控等点状供地项目组织实施管理要求等。

中央和地方关于“点状供地”政策的探索和实施，进一步明确了“点状供地”的政策要点和具体做法。

二、各地点状供地政策的具体做法

根据各地点状供地政策的具体要求，可将各地政策要点归纳为以下四个方面。

（一）供地总规模及单个点面积

各地规定在城镇开发边界外，按照建筑物占地实际投影多少，征转灵活，根据规划条件供地，但各地具体情况因地制宜，如广东省规定单个项目建设用地总面积不超过 30 亩；广西壮族自治区规定单个点状使用建设用地面积小于 30 亩；海南省明确建设用地总面积不超过 30 亩，单个点建设用地面积一般不低于 1 亩，位于山区等受特殊条件限制的区域单个点的用地面积可适当压缩，但一般也不得低于 0.5 亩；海南省规定点状供地在土地利用总体规划确定的城市建设用地范围外实施，依据建（构）筑物垂直投影占地面积等点状布局，按照“建多少、转多少、供多少”的原则进行点状报批、供应和开发。在用地规模上，明确了原则上单个项目建设用地总面积不超过 50 亩。

（二）土地报批与出让

综合各地政策，在土地报批与出让方面存在以下共识。

1. 点面结合差别化供地

点状供地项目以项目区为单位供地，项目区为单个地块的，按建设地块单个供地；项目区为多个地块的，应结合实际需要整体规划建设，合理确定不同地块的面积、用途，按建设地块搭配或组合供应。鼓励采取弹性年期、长期租赁、先租后让、租让结合等方式供地。

2. 带项目实施方案供地

点状供地项目可按规定合理设定供地前置条件，带项目实施方案供应土地，并将相关行业主管部门提出的产业类型、标准、形态，以及规划条件、建筑标准、节地技术、公建配套、用途变更、分割转让限制等要求，与履约监管责任、监管措施、违约罚则等内容一并纳入供地方案、土地划拨决定书或出让合同。项目开发主体与土地权利人签订的土地使用合同中，应当明确土地开发利用及续期条件，保障项目整体、长期开发运营。

3. 实行“农业＋”混合供地

各地应在建立健全城乡公示地价体系的基础上，根据土地供应政策要求、“农业＋”多业态发展需求及土地估价结果，综合确定乡村产业用地的土地用途和出让底价。

（三）强化监管

部分地区同样重视强化对点状用地的监督，海南省要求点状用地项目签订准入（对赌）协议，明确点状用地项目须整体持有，不得分割转让、分割抵押，不得转租，不得擅自改变土地用途等限制条件，约定违约责任。土地限制条件应当写入土地供应公告，在不动产登记时对宗地的权利限制予以注记。并实行联合评估和总量控制，严格全程监管，防止以“新产业新业态”为名擅自扩大建设用地规模；云南省要求供地时，可将相关行业主管部门提出的产业类型、标准、形态，以及规划条件、建筑标准、节地技术、公建配套、用途变更、分割转让、履约监管责任、监管措施、违约罚则等内容一并纳入供地方案、土地划拨决定书或有偿使用合同，加强用地监管。

（四）明确负面清单

各地政策都明确乡村、旅游相关可点状供地，变相房地产等项目不能点状供地，负面清单具体表现为以下五点。

一是占用永久基本农田、生态保护红线、限制使用林地区域和相关法律法规及规划确定的禁止建设区的。

二是选址在地质灾害、洪涝灾害危险区，以及处于地质灾害易发区经评估不能建设的。

三是挖山填湖、削峰填谷等破坏生态环境的项目。

四是商品住宅、私家庄园、私人别墅等房地产和变相发展房地产项目。

五是法律法规规定的其他禁止情形。

三、点状供地对乡村振兴的意义

点状供地作为一种新的供地方式，对乡村振兴具有重要的意义。

第一，点状供地有助于破解乡村振兴中的用地难题，降低用地成本，促进项目落地。点状供地模式允许在不占用永久基本农田和生态保护红线的前提下，为乡村休闲观光等产业提供少量建设用地，有效降低了企业建设旅游项目的成本，解决了乡村休闲旅游项目落地问题。同时，简化和优化了项目用地审批流程，提高了效率。相对于其他供地方式，点状供地用地审批更简便，为乡村产业项目的快速推进提供了便利。

第二，节约建设用地指标，提高土地利用效率。点状供地模式通过灵活布局，节约了建设用地规划指标和土地利用年度计划指标，提高了建设用地指标利用效率，减轻了投资方的资金压力。

第三，优化用地布局，提高供地精度和准度。点状供地模式优化了用地布局，提高了项目供地的精度和准度，为城镇开发边界以外的涉农、涉旅等点状用地项目创造了落地条件。

第四，盘活乡村土地资产，带动农民致富。点状供地模式通过灵活多样的供地方式，可以盘活乡村土地资产，带动农民致富及产业融合发展。点状供地模式适用于现代种养业、农产品加工流通业、乡村休闲旅游业等多种乡村产业项目，促进了乡村产业的多元化发展。

第五，助力城乡融合发展。点状供地模式通过保障乡村产业发展、乡村建设用地，助力城乡融合发展，促进了区域协调发展。

综上所述，点状供地作为一种新型的土地供应方式，对乡村振兴具有重要的促进作用，它不仅能够降低项目开发的用地成本，保护生态环境，还能盘活乡村土地资源，促进乡村产业的多元化发展，最终实现城乡融合发展的目标。

第二节　点状供地相关案例

一、浙江莫干山镇案例

莫干山镇位于浙江省湖州市德清县，面积 185.77 平方公里，户籍人口约 3.1 万人。镇内山脉连绵、环境优美、气候宜人、物产丰富、旅游资源丰富。主要产业包括竹木、茶叶、瓜果、家禽、萤石等。莫干山镇因春秋末年吴王派莫邪、干将夫妇铸剑而得名，境内有国家级风景名胜区——莫干山。莫干山镇东接武康街道，南邻杭州市余杭区百丈镇、黄湖镇，西连安吉递铺街道，北靠吴兴区埭溪镇。镇内“七山一水二分田”，绿化覆盖率 68.2%，是一个典型的山乡镇。

（一）莫干山镇点状供地做法

2011 年南非人高天成（Grant Horsfield）和太太叶凯欣在浙江德清莫干山合作开设“裸心谷”，据“裸心”官方公布的数据公布，每间房每年的利润是一百万，这个数字是上海静安香格里拉每间房每年盈利 55 万的近两倍。“裸心”成为中国最赚钱的度假村之一。然而，继续扩张民宿第一个碰到的问题，就是土地问题。

为了解决文旅业发展中遇到的土地问题，“点状供地”政策应运而生。采取“点状供地、垂直开发”的方式，可以将项目用地分为永久性建设用地和生态保留用地，其中永久性建设用地建多少供多少，剩余部分可以只征不转，以租赁、划拨、托管等方式供项目业主使用。在“点状供地”政策支持下，“裸心”系列中的“裸心堡”项目节约集约使用土地，30 栋树顶别墅，加上 40 座夯土小屋，共计 121 个卧室，只用了 30 亩林地，未占用一分耕地，同时还解决了当地 260 多名村民的就业问题，带动周边相关产业发展。对投资商而言，按商业旅游用地进行点状供地，大大减轻了投资压力。最后，“裸心堡”项目（见图 8-1）仅新增建设用地 12 亩，其余八成的建筑是租用当地农房改造而成，园区内的 200 多亩山林，从村民手中流转，保持原貌，大大节约了用地指标。

图 8-1　莫干山“裸心堡”项目

（二）莫干山镇成效

1. 有效利用土地资源

“裸心堡”项目在“点状供地”政策支持下，节约集约使用土地，30 栋树顶别墅和 40 座夯土小屋共计 121 个卧室，仅用了 30 亩林地，未占用耕地，节约了用地指标。

2. 促进就业与经济发展

“裸心堡”项目解决了当地 260 多名村民的就业问题，带动了周边相关产业的发展，对投资商而言，按商业旅游用地进行点状供地，减轻了投资压力。

3. 增加农民收入

项目通过租用当地农房改造，未新增大规模建设用地，项目区内的200多亩山林从村民手中流转，村民从中获得租赁收益。

二、重庆“归原小镇”案例

重庆“归原小镇”是位于武隆区国家5A级旅游景区仙女山国家级旅游度假区内的典型乡村休闲旅游项目。项目采用点状供地模式，海拔1100米，距离重庆主城区约3小时车程，交通便利，临近仙女山国家森林公园等知名景点。项目立足于“产城景融合发展核心示范区”，充分利用当地优质的旅游资源，以百年古村荆竹村为基础，规划了民宿、文创、生态农业等六个板块，旨在为古老村庄注入活力，打造综合性休闲度假项目，以康养度假胜地为目标。

（一）“归原小镇”的做法

1. 点状供地模式的实施

“归原小镇”采用“点状供地”的方式解决休闲旅游项目用地问题。根据地域资源环境承载能力和发展潜力，依托山林自然风景资源，点状布局、征地和供应旅游项目用地，在多项规划充分衔接、不影响规划布局的前提下，对局部工程建设确须纳入建设用地使用的，采用分散划块、点状分布的形式进行供地。这样做既保证了旅游项目的发展需求，又避免了对周边环境和生态的大规模破坏。

2. 闲置农房的整合利用

项目通过政策措施，将闲置农房收归为集体所有，再将农房及宅基地从村集体征收为国有，最终由地方政府出让给企业，由经营公司综合开发利用。

3. 保障农民权益

在实施点状供地的过程中，“归原小镇”注重保障农民的合法权益，农房的征收参照重庆市“地票”和增减挂钩标准进行补偿，以平均每亩12万元的价格进行补偿，确保农民在土地征收和项目开发中获得应有的收益。

4. 促进产业融合发展

“归原小镇”依托当地的自然和文化资源，规划了民宿、文创、生态农业等多个板块，通过点状供地的方式，促进了农业、文化和旅游业的融合发展，为当地居民提供了新的就业机会，增加了收入来源。

5. 基础设施的完善与提升

“归原小镇”在发展过程中，注重基础设施的建设和完善，如接通自来水、建设交通设施等，提高了当地居民的生活质量，并为旅游项目的发展提供了良好的基础条件。

（二）“归原小镇”成效

“归原小镇”的做法带来了显著的成效。第一，通过“点状供地”，项目得以顺利落地，减少土地占用指标，解决了用地问题，保障了项目的顺利实施。第二，项目具有产权，保障了资本下乡的权利，避免了租赁民房模式的弊端。第三，项目的建设拓宽了农民的增收渠道，农户获得了土地租赁收益，同时解决了就业问题。第四，项目改善了乡村周边环境风貌，提供健康饮水，推动风貌改造，改善居民的生活环境。

“归原小镇”作为典型的“点状供地”项目，为其他地区提供了借鉴。该项目成功解决了休闲旅游项目用地问题，促进了农民增收和资本下乡，改善了乡村环境，为当地乡村振兴和旅游发展提供了有益经验。

三、上海金山区朱泾镇待泾村案例

待泾村位于上海金山区朱泾镇的西部，2015 年，创建了“花开海上”生态园。近年来，这个乡村旅游景点成为市郊的热门打卡地，每年接待的游客数量不断攀升。为拓展乡村旅游产业链，促进镇域经济新增长点，2019 年 7 月，朱泾镇与蓝城花开集团签订了“花海小镇”项目合作框架协议。该项目占地 3800 亩，参照法国格拉斯小镇进行规划，除发展苗木花卉、家庭园艺和休闲农业外，还拓展了度假民宿、文旅零售、芳香产业等体验式经济新业态，打造景区度假村产业综合体。待泾村确定了 113.02 亩土地作为该项目的开发对象。为实现土地的可持续利用和增值，待泾村以“点状供地”的方式于 2020 年 7 月办理了这 113.02 亩农村集体经营性建设用地的《不动产权证书》。在此基础上，金山区精确评估集体土地的市场价格，并由待泾村将土地的 40 年使用权作价入股“花海小镇”项目，村民按照“保底＋收益分配”模式获得股权收益，从而实现了待泾村村民“五金”增收，即股金、租金、薪金、现金和保障金。

（一）待泾村的做法

1. 政府引导，“点状供地”助力乡村产业振兴

政府为引进“花海小镇”项目和推动乡村产业振兴，提供了充分的政策和机制支持。朱泾镇会同区级相关部门统筹村庄规划和项目规划，选址 113.02 亩土地作为储备用地。同时，编制农用地转用方案和补充耕地方案，将土地性质调整为集体经营性建设用地并保证耕地不减少。采用点状供地的方式供给建设用地，用时半年多办理出 99 本《不动产权证书》。

2. 企业参与，作价入股建立利益联结机制

待泾村与蓝天园林合作，成立上海花开海上生态科技有限公司，在原有种植资源的基础上，以花为主题打造“花开海上”生态园，并将门票收入的 10％返还给待泾村。

朱泾镇经民主决策，将持有的集体公司股权的25%无偿转让给朱泾经联社。通过与蓝城花开集团、木守公司、芽墨公司签订《股权合作协议》，以保底加收益分配模式，确保村集体和村民的利益。企业的开发与投资带动了乡村产业规模化发展，初步形成了农商文旅体融合发展的格局。

3. 村民支持，“五金”增收实现共同富裕

待泾村通过集体土地作价入股的方式，实现了村民长期分享土地所承载的产业项目发展带来的多重红利。村民们在“花海小镇”项目中获得了股金、门票收入分红、农用地流转费（租金）、生态园打工的薪金、农产品销售收入（现金）和养老金（保障金），实现了多元化的收入来源。

4. “变废为宝”，产业升级构建乡村新景观

待泾村利用相对薄弱的资源禀赋，通过一系列的项目开发和合作，打造了“芳香之旅”田园综合体。该项目的成功落地带动了一系列乡村产业的发展，激活了低效土地和闲置农宅资源，形成了农商文旅体融合发展的格局，进一步增加了村民的收入来源。

（二）待泾村的成效

待泾村通过政府引导、企业参与和村民支持的做法，实现了乡村振兴和集体经济增收的成效。通过将农村集体经营性建设用地作价入股，待泾村在资源利用和经济发展上取得了双赢的局面，盘活了存量土地，促进了农村产业规模化发展，与企业建立了良好的利益联结机制，村集体获得长期收益，农民也获得了稳定的增收渠道。待泾村村民“五金”增收，大幅提升了农民的幸福感和获得感。通过产业升级，待泾村成功打造了乡村新景观，增加了农民的收入来源，并促进了乡村产业的多元化发展。整体来看，待泾村的做法为其他地区提供了可借鉴的样板，为乡村振兴和农民增收提供了有益的经验。

第三节　庭院经济的内涵及特点

2022年9月农业农村部、乡村振兴局发布的《关于鼓励引导脱贫地区高质量发展庭院经济的指导意见》指出，到2025年脱贫地区庭院经济产业规模不断扩大，产业类型更加丰富，产销衔接更加顺畅，发展活力持续增强，发展水平明显提升。对庭院经济的开发与利用以充分利用农村庭院闲散土地，广泛吸纳农村劳动力，有效增加农民收入等为具体目的，有利于全面实现农村小康建设宏伟目标[①]。

① 李志熙，杜社妮，彭珂珊，等．浅析农村庭院经济［J］．水土保持研究，2004（3）：272-274.

庭院经济是指村民以自家院落空间及周围空地为基地，结合居民自身的发展优势和庭院结构特点，从事种植业、养殖业、相关服务业或多种模式结合的家庭庭院经济形式。庭院经济不仅可以优化乡村土地利用，还可以完善农村产业链，拓展农户的收入来源。发展庭院经济能够充分利用农村闲置资源、闲置空间、剩余劳动力等资源，促进农民就地就近就业，增加农民收入，对于巩固脱贫成果、促进乡村振兴具有促进作用；也有利于改造和整合村庄闲置空间，加快美丽庭院及和美乡村建设。庭院经济具有以下几个特点。

一、小规模经营

庭院经济的规模通常比较小，主要是以家庭为单位进行经营，一般不涉及大面积的土地或设备投入。这种小规模经营的特点，既符合农村资源禀赋和生产条件，又能够更好地满足当地居民的消费需求。

二、多样化的经营方式

庭院经济的经营方式比较多样化，可以是种植、养殖、加工、销售等各种方式的组合，根据当地的资源和市场需求来灵活调整经营策略。这种多样化的经营方式能够提高经济的灵活性和抗风险能力，对当地居民的生计和家庭经济起到了重要的支撑作用。

三、依托自然资源

庭院经济主要依托当地的自然资源，如水、土地、气候等，通过充分利用自然资源来开展经济活动。这种依托自然资源的特点，既能够提高经济的效益，又能够保护和利用当地的生态环境，实现可持续发展。

四、环保、健康的产品

庭院经济的产品通常比较环保、健康，这是由于经营者更注重产品的品质和安全性，同时也受到当地生态环境的影响。这种环保、健康的产品，能够满足消费者的需求，也符合现代社会对绿色食品的追求。

五、产业链式经营

庭院经济的经营模式通常是以产业链式经营为基础的，即由原材料采集、生产加工、销售服务等多个环节组成的完整产业链条。这种经营模式能够提高产品附加值和经济效益，同时也能够促进产业的协调发展和优化升级。

第四节　庭院经济的模式选择及比较

不同地区的庭院有不同的位置和特点，应根据实际情况因地制宜发展庭院经济，不同农户根据自家实际情况“因户制宜”地选择庭院经济模式。

一、庭院＋特色种植模式

这种模式通过利用庭院空间进行蔬果、多肉植物、鲜花、食用菌等的种植，不仅丰富了农户的农产品种类，还打造了独特的认养农业体验。游客可以亲手种植、采摘，享受田园乐趣，并直接购买新鲜、有机的农产品。这种模式提高了农产品的附加值，促进了乡村旅游的发展，为农户带来了双重收益。

二、庭院＋特色养殖模式

通过养殖兔、羊、鸡、鹅、鱼等家禽，为游客提供多种农事活动体验。游客可以参与喂养、捡蛋、捕鱼等活动，感受乡村生活的乐趣。同时，这些家禽也为农户提供了丰富的食材，可以进一步加工成特色美食，吸引游客品尝，从而增加农户的收入。

三、庭院＋乡村旅游服务（特色民宿、休闲）模式

通过开展特色民宿、家庭旅馆、休闲农庄、农家乐等，吸引城市居民到乡村消费。农户可以利用自家的庭院和周边环境，打造具有乡村特色的住宿和餐饮服务，为游客提供舒适的住宿环境和地道的乡村美食。这种模式提升了乡村的整体形象，满足了游客对乡村生活的向往，促进了乡村文化传承和乡村旅游发展，增加了农户收入。

四、庭院＋农产品加工模式

注重农产品的深加工，通过制作特色食品、手工艺品等，增加产品的附加值。农户可以将自家种植的果蔬或养殖的家禽作为原料，制作成果酱、腊肉、手工艺品等，既保留了农产品的原始风味，又赋予了它们新的价值。这种模式提高了农户的收入，促进了农产品的品牌化、市场化。

五、综合发展模式

多种模式共同发展，以立体种养为典型模式。

不同地区应根据实际情况因地制宜发展庭院经济，不同农户也应根据自家实际情况“因户制宜”地开展庭院经济。这些模式各有优势，可以根据当地的资源条件、市场需求和农户的意愿进行选择和比较。

— 本章小结 —

本章着重探讨了点状供地和庭院经济在村庄规划和乡村振兴中的作用和功能。点状供地作为一种新型的土地供应方式，对于乡村振兴具有重要的促进作用，它不仅能够降低项目开发的用地成本，保护生态环境，还能盘活乡村土地资源，促进乡村产业的多元化发展，最终实现城乡融合发展的目标。

庭院经济，作为一种利用农户庭院空间进行多元化生产的经济形式，可以有效提高农户的收入，促进农村社区的发展。实施庭院经济不仅有助于实现农户收入的增加，也有助于优化农村土地的利用，提高土地的利用效率。

— 关键术语 —

点状供地　庭院经济　模式选择

— 复习思考题 —

1. 简述点状供地政策的现实背景。
2. 点状供地的政策如何具体操作?
3. 庭院经济具有哪些特点?
4. 简述庭院经济的模式选择和比较。

第九章
实用性村庄规划的导向与实践①

当前，国土空间规划体系建设深入推进，村庄规划工作提上重要议程，各地开展了大量探索性编制工作。同时，随着乡村振兴战略实施、宅基地制度改革、人居环境整治等农村地区重点工作的推进，急需村庄规划发挥基础性作用，对编制村庄规划提出了更高的要求和期待。但是，实际工作中仍然面临一系列需要回答的问题，比如：村庄规划编制内容繁杂，规划编制质量难以保证，实用性不强；村庄数量多，规划编制任务繁重，地方财政负担压力大；如何实现乡村建设规划许可管理有效全面覆盖，构建更有效的实施管理机制，等等。

自然资源部《关于加强村庄规划促进乡村振兴的通知》等多个文件明确要求编制“实用性”村庄规划，并在2024年2月6日发布的《关于学习运用“千万工程”经验提高村庄规划编制质量和实效的通知》中明确，要用好“千万工程”经验，解决村庄规划编制工作存在的盲目追求全覆盖、成果质量不高、实用性不强的问题，更好地支撑宜居宜业和美乡村建设。2022年，中央一号文件提出“加快推进有条件有需求的村庄编制村庄规划”，2023年，中央一号文件再次强调建设宜居宜业和美乡村要加强村庄规划建设，并提供了系列指引，2024年中央一号文件明确指出要增强乡村规划引领效能，为更加有序务实地开展村庄规划指明了方向。结合赣州市村庄规划实践和调研情况，思考提出推进实用性村庄规划“分级”“分类”“分版”“分步”“分层”五个方面的具体措施。

第一节　以管理实用为导向，“分级”实现村域空间的规划管控

先规划、后实施是国土空间规划体系建设的基本要求，是有序开展农村地区建设行为管控的基本共识，是依法开展农村建设用地报批、乡村建设规划许可管理的必然要求。

---

① 本章节引用王建辉和杨衡昊所撰写的《推进实用性村庄规划的五点思考和探索》中赣州市的村庄规划案例作为本专著此前章节中理论、政策知识体系的补充和佐证，以使村庄规划知识体系更加完善、内容更加完整。

与此同时，村庄点多面广，完成规划编制任务面临巨大的压力，以赣州市为例，全市3335个行政村，如都需要单独编制村庄规划，地方财政难以解决编制费用问题。再加上机构改革前多部门开展了多种形式、多轮次的“村庄规划”编制行动，比如，村庄建设规划、整治规划、旅游规划等，地方政府以及部分村民对再次开展新一轮的村庄规划编制也存在一定的疑惑。为此，如何务实地推进村庄规划编制，区别对待“村域空间的规划管控依据全覆盖”和“村庄规划全覆盖”具有重要的现实意义。

一、发挥县、乡国土空间规划统筹性作用，实现村域空间的规划管控依据有效覆盖

《自然资源部办公厅关于进一步做好村庄规划工作的意见》指出，“可依据县、乡镇级国土空间规划的相关要求，进行用地审批和核发乡村建设规划许可证”，这为务实推进村庄地区规划工作提供了很好的政策依据。县级国土空间规划侧重县域，重点是统筹好村庄、产业、设施等布局，核心是指导开展村庄布点和分类，但是难以直接作为村庄用途管制和村庄建设的规划管理依据，而乡镇国土空间规划直接面向农业空间布局，在尺度和层级上则具备条件。赣州市目前正在探索村庄规划图则管理，即在乡镇国土空间规划编制时，按行政村形成《××村庄规划图则》，成果形式包含简要说明、图纸和数据库，重点落实“五线”“三指引”，为行政村的规划建设管理提供一份实用性手册。

第一，在图则中划定“五线”。“五线”包括永久基本农田、生态保护红线、村庄建设边界、历史文化保护线、灾害风险控制线。通过“五线”的划定，明确全域空间管控的基本要求，引导乡村生产、生活等各类活动安全、有序开展。

第二，明确村庄“三指引”。在乡镇国土空间规划中明确村庄建筑管控和风貌指引、公共和基础设施配套指引、国土综合整治与生态修复指引，制定通则式的指引。以村庄风貌管理为例，赣州市统一开展《赣南乡村建筑风貌营造指引》研究，将全市分为五大流域片区提炼传统建筑文化特色，传承运用“两坡灰瓦、清水墙面、土木（砖木）结构、穿斗抬梁”等赣南传统建筑特色元素，并要求纳入乡镇国土空间规划，指引村庄规划和建设行为，明确提出乡镇人民政府在审批农民建房时必须符合风貌控制的要求。总体来看，具体实施效果较各村单独开展风貌研究节省了投入，在风貌总体的把握上也更为精准和贴合赣南乡村文化实际。乡镇国土空间规划内村庄规划图则样式如图9-1所示。

从赣州市乡镇层面的调研情况来看，图则的内容能够满足建设需求较少、资源条件一般的村庄管理需求。不少基层自然资源局、乡镇干部、村干部反映，有了这“五线”和“三指引”，就知道怎么进行村庄建设了。

图 9-1 乡镇国土空间规划内村庄规划图则样式

二、发挥实用性村庄规划基础性作用，实现有条件有需求的村庄规划有序覆盖

仅有村庄规划图则，显然难以满足一些人口集聚发展、资源优势明显、产业需求旺盛、土地综合整治潜力较大的村庄的需求。对于这类村庄，必须聚焦重点、加快编制，发挥好村庄规划的基础性作用，支撑助推好乡村振兴战略的落地。赣州市在完成全市 3335 个行政村村庄分类的基础上，开展评估应编村庄规划的范畴，制订村庄规划工作行动计划，力争三年完成任务，分年度、有重点地推进实用性村庄规划的编制。2021 年，按照每个乡镇至少开展一个村庄规划编制的要求，侧重对农村全域土地综合整治试点、历史文化名村和传统村落、红色名村等 380 个重点村庄的规划编制；2022 年，重点完成 705 个省、市级乡村振兴重点村庄的规划编制；2023 年，实现有编制需求村庄的应编尽编。

总的来说，通过乡镇国土空间规划和村庄规划实现村域空间的规划管控依据的逐级覆盖，即在乡镇国土空间规划中划定村庄图则，落实好“五线”“三指引”的内容，能够满足一般村庄、无太大建设量村庄的规划管理需求；推动乡村振兴帮扶村等重点村庄单独编制村庄规划，引导村庄集聚发展。这样分级推进的方式，一方面有效减轻了地方政府编制村庄规划的压力和负担；另一方面能够让基层自然资源部门、乡镇政府集中精力把需单独编制的村庄规划质量抓上去。

第二节 以内容简化为导向，“分类”明确村庄规划编制内容

通过梳理《乡村振兴战略规划（2018—2022 年）》和《关于加强村庄规划促进乡村振兴的通知》，乡村振兴背景下的村庄规划应落实“一个目标、四种类型、四大任务、八个统筹”的总要求。基于总要求，结合村庄所处区位、特色资源以及经济发展状况，集聚提升类、城郊融合类、特色保护类、搬迁撤并类四种村庄基本类型的分类依据和特征为以下几个方面。

一、村庄类型划分

1. 集聚提升类

规模较大的中心村和其他仍将存续的一般村庄划归为集聚提升类。

1）分类特征

集聚提升类村庄是目前村庄的最大比例，其表现为依旧存续的有一定人口数量的村庄。其主要涵盖区位条件相对较好、人口相对集中、公共服务及基础设施配套相对齐全的村；农业、工贸、休闲服务等产业突出，资源条件相对优越，已有一定发展基础的村；对周边一定区域的经济、社会发展起辐射作用，具有一定发展潜力的村庄。

根据《乡村振兴战略规划 2018—2022 年》中对现存的村庄的四类划分，集聚提升类村庄相对于其他三类村庄，在地理、经济、区位等要素方面具有一定的特殊性，集聚类村庄的分类标准相对于其余三类更具有弹性，所以集聚类村庄之间的差异性大，缺乏统一的标准。因为集聚提升类村庄具有一定的普遍性，所以根据国家战略规划对集聚提升类村庄的定义进行分析，从一定数量的人口上分析，集聚类村庄具有可以支撑其村庄人口依存的产业，如农业、乡村制造业、商业等其产能可以保证村庄的人口具有一定的保有量；具有一定的交通区位条件，至少可以保证与周边村庄有着较好的交通联系；具有相对宜居和足够容量的居住环境，以上条件支撑了集聚提升类村庄的存在，也可作为集聚发展类村庄的特征。

2）规划策略及重点

确定村庄发展方向，推进改造提升、激活产业、优化环境、保护乡村风貌等。为突出重点，打造精品，进一步将集聚提升类村庄细分为重点提升类和一般提升类。

重点提升类：遵循“总量管控，边界管理”的原则，允许一定规模的新增建设用地，但必须划定新增建设用地边界，并且不得突破建设用地上限指标。

一般提升类：遵循“总量不增，边界不变”的原则，不允许调整建设用地边界。

村庄边界内允许原拆原建，也可利用存量用地进行建设，或者在边界内进行空间布局的调整优化[①]。

集聚提升类村庄应重点确定村庄发展方向，推进改造提升、激活产业、优化环境、保护乡村风貌等。产业发展是促进集聚提升类村庄转型升级的基础，应在充分摸排与调研的基础上，结合各村庄自身发展潜能，将具备特色产业的村庄归结于集聚提升类村庄规划范畴，明确发展方向，积极引导土地流转，形成规模化种植，以“合作社＋农户”“公司＋合作社＋农户”的形式发展现代特色种植农业，有效促进各村农业、工贸、旅游、休闲服务等领域特色鲜明的优势产业的创新和发展，强化主导产业支撑，形成特色产业链条，推动村集体经济提档和升级。

2. 城郊融合类

紧邻城市近郊区或县城城关镇所在地村庄划归为城郊融合类。

1）分类特征

我国地域辽阔，不同的区位环境及历史社会背景下形成了各具特色的村庄，乡村振兴中针对不同类型的村庄应根据实际情况分类推进。就地理区位而言，城郊融合类村庄地处城市近郊区或位于县城城关镇所在地，与城市联系紧密[②]。在形态上城郊融合类村庄依旧保留着村庄风貌，良好的环境为其成为城市后花园提供了有利条件[③]。城市化推进过程中，城郊融合类村庄角色逐步改变，有条件的地区会向城市转型。因此，此类村庄适合引导农民以集体资产所有权置换股份合作社股权、以土地承包权置换城镇社会保障，农保并社保，农房得产权，农民基本告别传统的农耕生活。

2）规划策略及重点

充分挖掘潜能，发挥区位优势，善于利用城镇优良资源，不断增强自身发展动力。在立足自身农业发展的同时，应重点考虑城乡产业融合发展。按照“城乡融合、共建共管”的原则，推进城乡“空间融合、产业融合、设施融合”，综合考虑就地城镇化和村庄发展需求，允许一定规模的新增建设用地。

3. 特色保护类

特色保护类村庄是指已经公布的历史文化名村、传统村落、少数民族特色村寨、特色景观旅游名村以及未公布的具有历史文化价值、自然景观保护价值或者具有其他保护价值的村庄。

1）分类特征

特色保护类村庄在历史长河中将独特的乡土文明转化为具有地域特色的要素，使

---

① 华乐．国土空间规划体系下实用性村庄规划策略探讨［J］．城乡规划，2021（1）：69-81.

② 刘洋．乡村振兴战略背景下城郊融合类村庄空间发展策略研究［D］．北京：北京建筑大学，2020.

③ 李裕瑞，卜长利，曹智，等．面向乡村振兴战略的村庄分类方法与实证研究［J］．自然资源学报，2020（2）：243-256.

不同地域的村庄与村庄之间存在着差异。“特色延续性”始终是特色保护类村庄的规划要点，反映了村庄的历史与发展共生内涵，通过延续村庄自身乡土文化，让乡村留住乡愁。乡村振兴背景下特色保护应与村庄发展并重，突出人、自然、乡愁、生活、历史的有机融合。特色保护类村庄的优势在于其独特的物质空间及乡土文化，在乡村振兴背景下这种优势资源将成为乡村发展动力。在价值影响下，促使村庄的生态环境得以保护、生产模式得以更新、生活水平得以提升，甚至影响村庄要素资源运转。特色保护类村庄的空间肌理和自然生存环境相对于一般村庄呈现出肌理完整、生态和谐等特点，在空间功能和发展方式上相对于一般的村庄表现出多样性的特点。特色保护类村庄的价值影响性是指村庄利用其独特文化资源带动自身及周边村庄的可持续发展，使村庄突破发展瓶颈，促进乡村振兴。

2）规划策略及重点

保持村庄特色的完整性、真实性和延续性，突出特色空间的品质设计。传承“乡愁、乡风、乡貌”，统筹村庄保护与发展的关系，遵循“保护优先、总量管控、建管一体”的原则，适当增加建设用地，在划定建设用地边界内，允许通过空间整合进行建设用地范围的调整。

特色保护类村庄应重点保持村庄特色的完整性、真实性和延续性，突出特色空间的品质设计。丰富多彩的古迹文化资源等是彰显和传承优秀传统文化的重要载体。这类村庄的发展重点是把改善农民生产生活条件与保护自然文化遗产统一起来，在规划编制中注重形成特色资源保护与村庄合理发展的互促机制，坚持在保护中发展，在发展中保护。与此同时，活化利用特色资源，突出特色区域的创新设计，打造新型文旅创意产业。

4. 搬迁撤并类

搬迁撤并类村庄是指位于生存条件恶劣、生态环境脆弱、自然灾害频发等地区的村庄，因重大项目建设需要搬迁的村庄以及人口流失特别严重的村庄。

1）分类特征

搬迁撤并类村庄主要包括因重大项目建设（面状、线性工程）占村庄建设面积40%以上，需要腾挪土地的村庄；人口流失特别严重、人口流失率达50%以上的村庄；50%以上的村庄建设面积位于生态保护红线内，必须局部或整村实施搬迁以确保生态安全的村庄；受500kV、220kV高压线廊道、污水厂、垃圾处理厂、地质灾害等影响，村民的安居、生活受到严重威胁，存在较大安全隐患，必须局部或整村实施搬迁以确保生产生活安全的村庄。

2）规划策略及重点

原则上不单独编制村庄规划，可在乡镇国土空间规划中制定村庄国土空间用途管制规则和要求，或者编制村庄近期建设方案作为建设与管控指引。遵循“近远结合、逐步搬迁”的原则，不得以任何名义增加建设用地用量及突破现状建设用地边界，近期无法搬迁的村庄，须保障村民生产生活所需的最基本的水、电、环卫等基础设施，以及紧急的危房改造需求。村庄搬迁在原则上由政府主导，根据农民意愿，采用土地置换等多种方式和措施，逐步引导村民向集中新建居民点或城镇搬迁、聚集。

此类村庄规划要突出建设用地减量原则，着重解决村庄近远期的衔接，以村庄危房修缮、旧村复垦和搬迁安置、高标准农田建设、防灾减灾、国土综合整治与生态修复为重点，减少低效和闲置建设用地，促进资源节约集约利用，同时增加耕地面积，改善土地生态环境。

二、村庄规划针对性编制

以往的村庄规划容易出现内容求全、面面俱到的情况，本子厚、花费精力大，但使用者可吸收消化的仅仅是其中的一部分。简化不必要的规划内容，结合村庄类型，有针对性地明确村庄规划编制重点，这具有重要的现实作用。《江西省“多规合一”实用性村庄规划编制技术指南（试行）》提出村庄规划由基本内容、选做内容共同构成村庄规划“内容菜单”。赣州市在此基础上，突出实际需求和资源特色导向，因地制宜确定“分类菜单”村庄规划编制内容，做到“按需点菜”。

（一）集聚提升类村庄

采用“基本内容＋基础设施和公共服务设施规划＋产业空间引导”的编制组合，明确应配置的乡村基础设施和公共服务设施；因地制宜确定农村人居环境整治项目，布局产业空间，提出产业发展措施。

（二）城郊融合类村庄

采用“基本内容＋部门专项计划”的编制内容组合，统筹协调乡村与城镇用地布局，推动基础设施互联互通、公共服务共建共享。在形态上保留乡村风貌，在治理上体现现代水平。

（三）特色保护类村庄

采用“基本内容＋特色保护类村庄”的编制内容组合，注重整体保护村庄传统风貌格局、历史环境要素、自然景观等，明确不可移动文物、历史建筑等各类保护性建筑；允许适度增加活化利用所需建设用地。

为了进一步发挥历年来编制的各种类型的村庄规划的作用，甄别其中能够继续实施的规划，赣州市对全市 2268 个既有村庄规划进行了评估。评估后的 1243 个村庄规划能够继续指导村庄建设，这类村庄规划可继续沿用，有需要的按照“多规合一”要求适度调整完善，增加有关重要控制线，即可报批实施。

需要强调的是，在分类明确编制重点的基础上，编制村庄规划必须抓好“多规合一”基本要求的落实：要把乡村振兴战略要求落到空间上；要加强与发展改革、农业农村、交通水利等部门的衔接，把产业、项目等在空间上统筹安排好；要把重要的控制线划准、划足、划好，确保满足国土空间规划的管控要求。江西省“多规合一”实用性村庄规划“内容菜单”如图 9-2 所示。

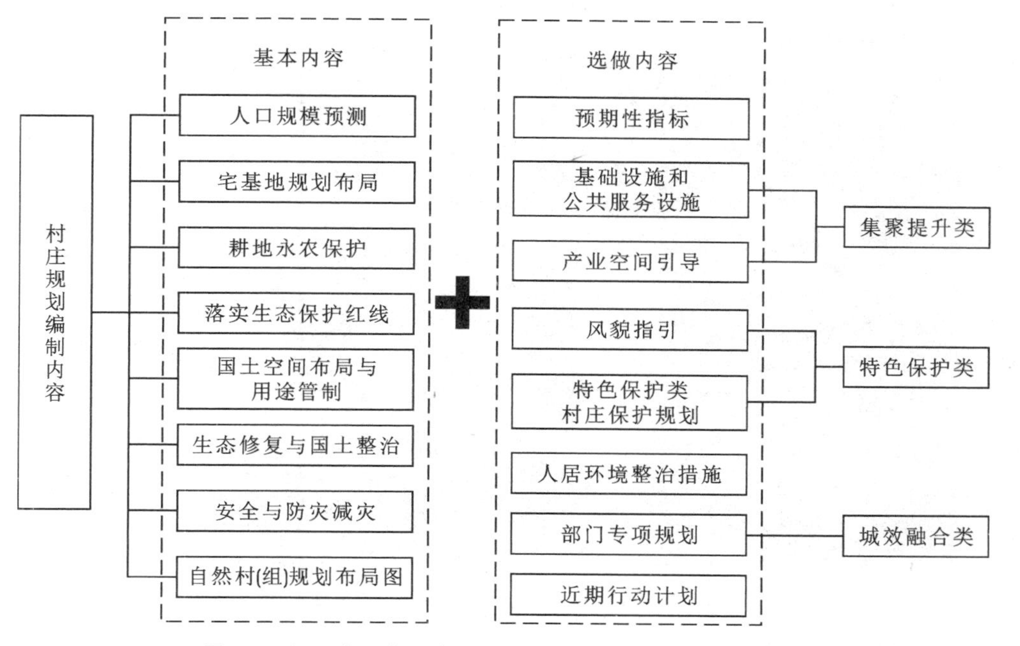

图 9-2 江西省“多规合一”实用性村庄规划“内容菜单”

第三节 以成果简明为导向，“分版”满足管理端、专家端、村民端需求

为满足不同对象的实际需求，赣州市大力推行“村民公示版”“评审论证版”“报批备案版”三个版本的村庄规划成果形式。

一、村民公示版

村民公示版面对的是村民端的需求，成果着重简明易懂，成果包括“3 图 1 公约 1 清单”。“3 图”分别是村域综合规划图（包括主要的公共服务设施、基础设施空间分布），主要控制线划定图（包括永久基本农田、生态保护红线、规划村庄建设边界范围等），自然村（组）规划布局图（规划宅基地的空间布局等）；“1 公约”是村庄规划管理公约；“1 清单”指建设项目清单。

同时，赣州市进一步探索更为直观的“村民版”村庄规划手法，在规划成果表达上以“第三次全国国土调查”高清影像图为底图，图件表达摒弃以往城市规划的手法和漂亮的渲染图，直接标注主要地物、拆除物、新增宅基地等，让规划内容更加形象、简单、直观，让村民看得懂。宁都县灵村自然村（组）叠加影像的村庄规划平面图见图 9-3。

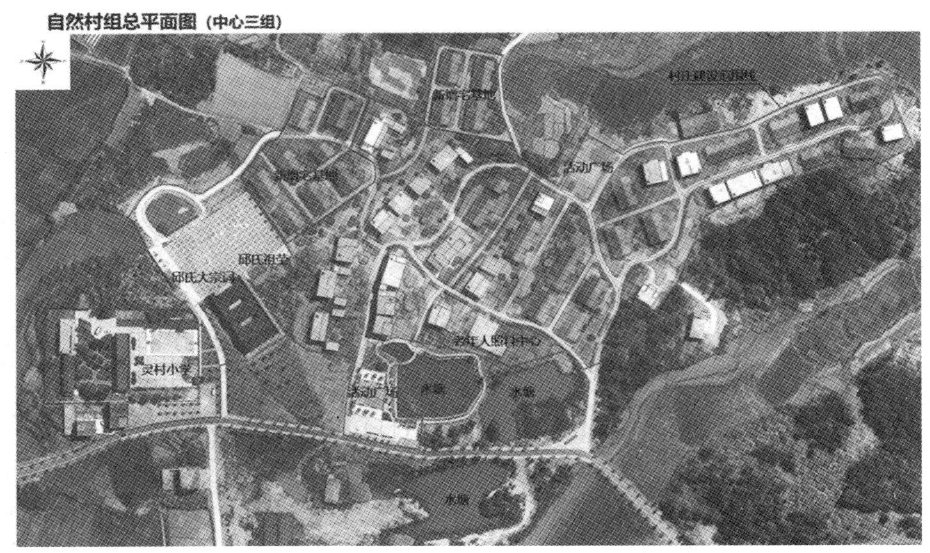

图 9-3　宁都县灵村自然村（组）叠加影像的村庄规划平面图

二、评审论证版

评审论证版重点是满足专家、专业部门的论证需求，主要是体现规划编制的技术路线，佐证支撑规划结论的科学性，成果既包括规划结论也包括分析论证过程，最能体现编制单位的专业性和能力。

三、报批备案版

报批备案版面对的是管理端的需求，成果着重提供管理所需的内容，可快速查询规划结果，便于实施行政管理行为，包括文本、图件、项目库等。此外，赣州市依托市级国土空间基础信息平台和国土空间规划“一张图”实施监督信息系统，村庄规划等各类数据成果及时纳入信息系统，建立村庄规划管理审查模块，强化支撑村庄空间治理现代化。

第四节　以村民主体为导向，“分步”编制参与式村庄规划

为了让村庄规划更加“接地气”，赣州市围绕乡村振兴为农民而兴、为农民而建的要求，在推进村庄规划编制过程中始终坚持村民主体，“分步”做参与式规划，在规划编制前进行村民动员、编制中全程参与、编制后公示宣讲。

一、编制前进行村民动员，让规划“能接受”

在规划编制正式启动前，召开规划编制动员会议，县级自然资源主管部门、乡镇

政府、村委会以及村民代表、乡贤参加，向村民介绍规划编制的主要目的、相关工作计划安排，让村民能够理解并积极配合规划编制。

二、编制中全程参与，让规划“能落地”

在编制过程中，村民作为规划编制的主导者，把发言权、分析权、决策权交给当地村民，规划编制单位作为催化剂和协助者，应充分听取村民意愿。赣州市信丰县小江镇山香村采用参与式农村评估方法（PRA）将各个村民群体动员起来参与村庄发展问题分析，见图 9-4。

图 9-4　赣州市信丰县小江镇山香村采用参与式农村评估方法（PRA）将各个村民群体动员起来参与村庄发展问题分析

三、编制后公示宣讲，让规划“能操作”

村庄规划批准后，要组织做好村庄规划批后“一村一宣讲”“一村一踏勘”工作。通过“上墙、上网”等多种方式公开公告，下发基于高清影像的规划布局图纸，组织村民委员会和村民代表对永久基本农田、生态保护红线、村庄建设边界等重要控制线进行现场踏勘，确保村民、基层干部懂规划、守规划、用规划。赣州市于都县梓山镇潭头村村庄规划成果公示见图 9-5。

(a)

(b)

图 9-5　赣州市于都县梓山镇潭头村村庄规划成果公示

第五节　以编管结合为导向，“分层”明确管控要求

划定村庄建设边界，对建设行为进行管控是实施村庄规划和开展用途管制的重要举措。在村域范围、村庄建设边界两个层次，“分层”编制、编管结合，明确村域、村庄建设边界的编制内容和管制要求。

一、在规划管控内容上，“分层”突出重点

在村域层面，应落实上位国土空间规划的控制指标和永久基本农田、生态保护红线等控制线，划分用途管制分区，明确各类国土空间用途管制要求，对全域全要素作出规划安排。在村庄建设边界层面，应重点做好宅基地、公共服务设施、集体经营性建设用地等的规划布局和管控要求。赣州市赣县区江口镇河埠村空间管制分区图见图 10-6。

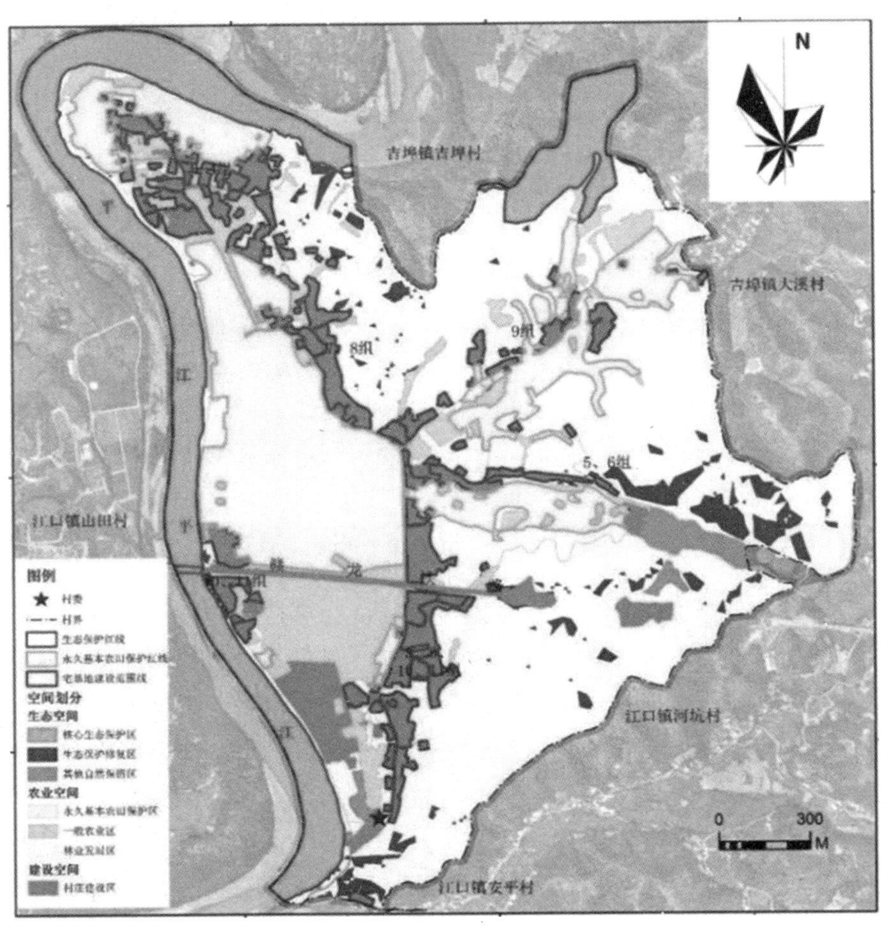

图 9-6　赣州市赣县区江口镇河埠村空间管制分区图

二、在规划实施机制上，“分层”明确举措

建立刚性约束和弹性适应相结合的实施机制，是保证村庄规划好用、实用的必然之举。在村庄建设边界内，主要是村民建房、配套公共设施、无污染的集体经营性建设用地，用地之间没有明显的互斥性，可探索建立“兼容用地”“用途留白”机制，同时强化“建筑管控＋项目负面清单”要求，既把村庄建设行为约束在村庄建设边界内，又为村庄建设提供容差的空间，一定程度上发挥村集体村庄建设行为的主导权，助推乡村治理的开展。例如，利用规划中的宅基地安排建设村庄配套的“孝老食堂”，在符合规划明确的建筑管控要求、征得村民同意的情况下，实施“兼容用地”。在村庄建设边界外，探索建立县级统筹、按需分配的预留规模机制，配套实施“分区准入＋项目正面清单”，政策应保障好文旅设施、基础设施、农村新产业新业态、农村一二三产融合发展用地需要，为乡村振兴和产业兴旺提供支撑空间。瑞金市沙洲坝镇洁源村逐步清退水泥厂、建材厂共 11.4 公顷用地，规划为战略留白地，见图 9-7。

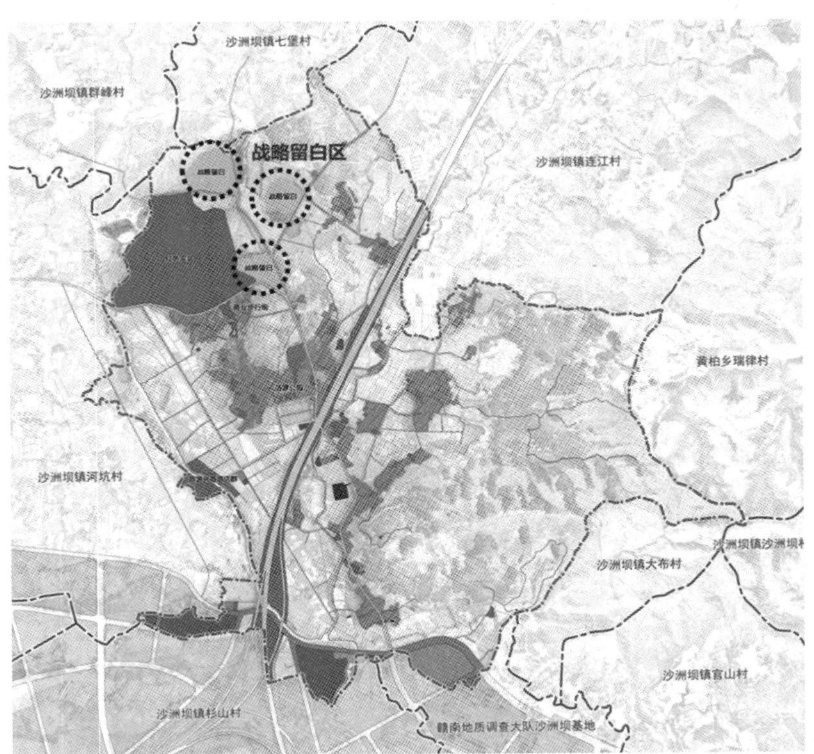

图 9-7 瑞金市沙洲坝镇洁源村逐步清退水泥厂、建材厂共 11.4 公顷用地，规划为战略留白地

我国乡村数量多，发展差异大，新时代的村庄规划不仅是一项技术工作，也是对乡村发展、乡村建设、乡村治理模式的转变。本文重点探讨了管理实用、内容简化、成果简明、村民主体、编管结合等工作推进方面的务实举措，在编制手法、村庄治理、规划实施上如何进一步体现实用性、科学性、引领性，服务农业、服务农民、服务农村，让规划“能看懂、能落地、能操作、能监督”，仍需要积极实践、积极总结，共同绘就“共谋、共建、共管、共评、共享”的新时代美丽乡村画卷。

一 本章小结 一

新时代的村庄规划不仅是一项技术工作，也是对乡村发展、乡村建设、乡村治理模式的转变。本章结合赣州市村庄规划实践和实地调研，提出推进实用性村庄规划“分级”“分类”“分版”“分步”“分层”五个方面的具体措施：以管理实用为导向，“分级”实现村域空间的规划管控；以内容简化为导向，“分类”明确村庄规划编制内容；以成果简明为导向，“分版”满足管理端、专家端、村民端需求；以村民主体为导向，“分步”编制参与式村庄规划；以编管结合为导向，“分层”明确管控要求。旨在让规划管理实用、内容简化、成果简明、以村民为主体、编管结合，即“能看懂、能落地、能操作、能监督”。

一 关键术语 一

分级　分类　分版　分步　分层

一 复习思考题 一

1. 简述实用性村庄规划的导向与措施。
2. 阐述如何根据村庄规划编制的“分类菜单”做到“按需点菜”。

第十章
赋能乡村振兴的村庄规划实践

为增强本教材的可读性、提升理解性，本章基于乡村规划实践，整理了南昌市新建区西岗村、南昌县红井村和湖陂村的规划案例，为读者提供规划设计赋能乡村振兴的案例参考。

第一节 西岗村：活化密钥与规划定位

习总书记高度重视规划先行原则，强调村庄规划的科学性与前瞻性。2024 年初，江西省委一号文件提出“四融一共”战略，其中，作为核心策略的产村融合是新型城镇化发展背景下克服瓶颈制约实现乡村振兴的必然选择，也是通过盘活乡村资源全面推进乡村振兴的重要举措。西岗村作为产村融合实践的先行者，以芦笋产业为切入点，围绕规划乡村、建设乡村、运营乡村的全过程发力，推动一、二、三产业融合发展，不仅提升了芦笋产业的经济效益与市场竞争力，还带动村民增收，增强了乡村的自我发展能力，为其他地区的乡村振兴提供了宝贵经验与示范。

一、西岗村的基本情况

（一）基本情况

位于江西省南昌市新建区石埠镇，梦山脚下的西岗村，地理位置优越，距离南昌市中心仅 20 公里，见图 10-1。其总面积为 9675 亩，共 8 个自然村、10 个村小组，共计 2658 人，村支部共有党员 45 人。

2022 年，南昌市新建区以“两整治一提升”行动为基础，对整个片区进行整体规划、策划、景观设计，从村庄整治到产业规划和乡村运营，以高质量发展为目标，综合打造梦飞田园乡村振兴示范区。

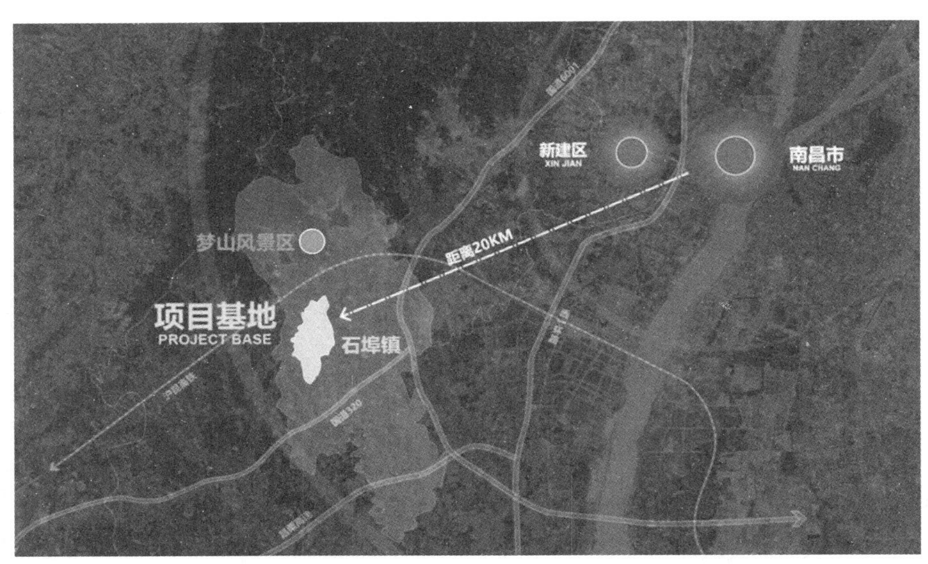

图 10-1　西岗村区位图

（二）发展底蕴

1. 深厚历史底蕴：“梦”文化

石埠境内“梦山”，又名罕王峰。民间历来有人求梦，遂又称梦山。基于千年的历史文化沉淀，“梦”的文化、梦的故事在石埠源远流长，依旧吸引众多游客来此处游览。

2. 自然禀赋优势：适合芦笋生长和种植

西岗村旱地多连成片、土质透气疏松，适合进行芦笋规模化种植，这种自然优势使得芦笋在西岗村易于生长且品质优良，为芦笋产业的初步发展奠定了坚实的基础。

3. 芦笋初具规模：“新乡贤领办、多主体参与”

随着研究团队核心成员的返乡创业，他们敏锐捕捉到芦笋产业的潜力，创办芦笋种植龙头企业，进一步扩大芦笋的种植规模，提升芦笋的产量和品质。在推动芦笋产业发展的过程中，渗透出“新乡贤领办、多主体参与”的思想，汇聚基层治理新智慧。

二、规划先行：IP 定位与前期策划

（一）文化铸魂，厚植“梦”文化底蕴

西岗村位于南昌市新建区石埠镇山脚下，背靠梦山国家3A级旅游景区。在规划过程中，应充分依托石埠梦山、梦山水库等自然资源优势，立意高远，突出“石埠·梦”的党建品牌，打造独具地方特色的文化标识；围绕“梦”文化，大力开发名人文化、

宗教民俗文化和红色教育文化，充分挖掘“梦”文化、美食文化等多种文化资源的经济价值和社会价值，增强“梦文化”产品的转化力。

（二）产业引领，活化芦笋“大”价值

西岗村原有1250亩低效芦笋产业基地、1630亩预留用地，在规划的过程中，应当充分发挥产业引领作用，聚焦芦笋特色产业，确定“稳固一产、延伸二产、创新三产”的产业发展思路，逐步通过活化低效用地、提高村民收入、做强芦笋示范，实现产村融合。同时，立足芦笋品牌，打造独特IP形象，呼应产业核心，提升品牌辨识度。

（三）凝聚力量，发挥主体“新”智慧

西岗村在落实规划的过程中，高度重视党组织的领导核心作用，以党建为引领，推动各项工作高效开展。围绕做强特色产业、打造宜居村貌、弘扬乡风文明和实现有效治理四大重点领域持续发力。在芦笋产业发展中，注重发挥新乡贤的引领示范作用，强化群众的主体地位，广泛听取群众意见与建议，凝聚发展共识。

三、规划设计：总体思路及空间安排

乡村地区是“生态空间、生产空间和生活空间”的聚合产物，“梦飞田园”在规划设计的过程中紧紧围绕“两整治一提升”要求，从空间、产业、风貌、细节入手，打造“西岗美好乡村生活圈”。

（一）空间做精细：一环串四村，一区壮集体，一带通共富

在系统谋划西岗村空间结构的时候，根据村庄特点，统筹谋划村庄发展定位、结合村民和产业主对村庄需求进行社区营造，践行美好乡村理念，从乡村的美好生活出发，在慢性可达的空间范围内，营造美丽、宜居、健康的生活方式和便利共享的乡村生活品质，打造八里共富路——梦飞公路示范带，优化用地布局。

（二）产业谋动力：盘存量、提增量，扩数量、保质量

围绕芦笋这一兼具高食用价值、药用价值和经济效益的朝阳产业，遵循“做优增量、盘活存量、预留弹性”的发展原则，利用一般农田扩大产业大棚规模，完善产业基础设施，推动自动化设备升级，全面打造现代化、高标准的产业基地。

（三）风貌显设计：开发保护一张图，生产生活更有序

一是把握乡村原有风貌。深挖“梦”元素历史文化内涵，包括但不限于乡村的历史故事、著名人物、重要事件、红色文化等特色主题，捕捉“打卡”点位。二是强化乡村特色风貌。通过建筑、景观的视觉关系，以白墙灰砖灰瓦为基底，构建视觉景观焦点，强化芦笋产业形象，突出活力，打造干净整洁、统一有序的村庄风貌。三是勾

勒生产生活网络。通过增加田园景观小品与引导性标牌，规整和串联现有道路观景点，预留生活休憩空间，保障沿路通行的舒适性和安全性。

（四）落地重细节：需求合民意，运营可持续

要全面听意见，开门编规划，充分进行讨论，不预设前提或结论，多角度、正反面深入研究，把握好规划工作的总体思路和方法。多从细处着眼，紧扣时间节点，要在关键处落子，审慎把关、严格管控项目，推进各个环节，保障乡村运营的可持续发展。

四、规划实施：关键节点打造和主题凸显

（一）文化场景设计：梦文化元素

村庄公共空间的规划设计应充分融入当地独特的历史文化内涵，体现浓厚的乡土文化与特色主题。为此，在西岗村的规划设计中，应深入挖掘“梦”元素的历史文化价值，包括但不限于乡村历史故事、著名人物、重要事件、红色文化等特色主题，力求彰显文化魅力与地方特色的有机结合。

1. 党建引领梦：美好乡村生活屋

以红色建筑为主体，主打“石埠·梦”党建品牌，突出党建引领作用，推动干事创业。美好乡村生活屋兼具展示功能、活动功能和休闲功能，象征着人民逐梦美好生活。

2. 美食文化梦：“梦忆轩”

朱王村历史文化底蕴深厚，其村民是宁王朱权的后代。美好乡村生活坊主要围绕美食文化，引进了江西赣梦文化旅游发展有限公司，完成了“梦忆轩”等特色餐饮品牌的入驻，发展特色餐饮、茶室、民宿等新业态。

3. 幸福家园梦：邻里会客厅、和睦广场、儿童活动场地

将西岗陈家、朱家、王家交界处有争议的一块地打造成邻里会客厅、和睦广场、儿童活动场地等民生工程，巧妙化解“三家争地”纠纷，旨在促进邻里和睦，构建和美乡村。

4. 点燃希望梦：云梦境

云梦境整体造型充满云朵元素，寓意梦想高飞；采用高反射材质，在丰收季节通过高反射材质将田园反射在“云朵”之中，游客可穿过云朵进入田园，营造出特有的“梦想照进现实”的感受。

5. 全民参与梦：梦飞云端

“梦飞云端”以盘山公路的造型蜿蜒盘旋。村民站在栈道的最高点，不仅可以俯

瞰整个景区的全貌，还能感受到村庄整体的打造格局和效果，具备一定的互动参与性。

（二）产业场景设计：强化芦笋产业的示范作用

把乡村历史文化内涵和产业经济紧密联系，通过创造性转化、创新性发展，让村庄公共空间成为乡村文化经济发展的引领。以“芦笋产业”为核心，强化芦笋产业的示范作用，打造核心竞争力，促进村民增收致富。

1. 梦飞田园示范区入口

在重塑产业区整体形象的过程中，新建产业入口形象大门，以芦笋形象 IP 为主，采用芦笋的样式和配色，由深到浅设计拱门造型，强调入口的空间感；“小芦笋・大希望”的产业发展口号和“梦飞田园乡村振兴示范区”的称号置于道路两侧，将芦笋品牌植入人们的脑海；“漏斗型”入口蕴含着开放包容之意，象征着芦笋产业提质升级，破旧立新，将引进来和走出去相结合，实现产业的内外联动、互利共赢。

2. 笋墩墩

笋墩墩创意设计源自梦飞田园乡村振兴示范区的主导产业——芦笋。吉祥物以憨态可掬“墩墩”造型为原型，充分考虑了吉祥物的亲和力、受众人群和人体接触舒适性的提升；整个吉祥物的设计元素核心为“芦笋”元素，包括颜色、发型等，呼应产业核心，提升品牌辨识度。

3. 梦飞田园芦笋基地

为将闲置荒废的芦笋产业土地盘活，利用一般农田扩充产业大棚面积，完善产业基础设施，进一步提升产业自动化设备，建成现代化高标准产业基地。具体来看，芦笋大棚规模扩大至 2000 亩，配置服务中心、停车场等基础设施，将产业大棚升级为自动化大棚。

4. 科研大棚

为进一步提升芦笋的产品质量，规划选取 100 亩农田作为产业试验田，配制高科技配种设施，打造现代化科研大棚，扎实推动科技创新和产业创新深度融合；推动科技服务站的建设，通过精准的农业管理方式、专家教授驻扎指导、培训实训基地等途径来提升芦笋的产量和品质，为乡村产业发展注入新的活力。

5. 梦飞田园孵化中心

在芦笋产业扎实助推乡村振兴的新浪潮下，传达乡村文化和特色风情、展示乡村发展规划和特色产业成果具有十分重要的意义。梦飞田园孵化展厅承载了梦飞田园示范区独特的芦笋产业发展历程，通过展示芦笋产业链系列产品、讲好芦笋产业故事，以更人性化的方式提升参展的体验感和真实性，重塑文化自信。

五、规划成效：实施效果及经验亮点

西岗村在坚持规划优化的提升过程中，注重村庄规划的实用性，坚持系统谋划的思路，挖掘和强化现有文化特色和特色主题资源，围绕梦山文化、芦笋产业特色，以打造“梦飞田园综合体”为目标，开展陪伴式驻村规划服务。通过资产性收益分红，西岗村集体经济年均增收近 40 万元。村庄先后荣获“2023 年中国美丽休闲乡村”“2024 年中国美丽乡村休闲旅游行（春季）精品景点线路推介”等荣誉，并被列入省委组织部编撰的村级集体经济发展优秀案例。同时，西岗村党支部被评为“江西省乡村振兴模范党组织”，彰显了党建引领下乡村振兴的显著成效。

（一）规划设计，引领产业全链条发展

坚持用规划引领和统筹各项工作，以芦笋产业为核心，按照“一产为主、三产融合、三生同步”思维，从生产—加工—销售—品牌，再到具体建设，对传统大棚所在片区进行重新规划，设计了游客中心、分拣中心、各类景观及配套设施，为芦笋产业提供了三产融合孵化空间，为进一步导入芦笋深加工产品、开展参访经济等提供了基础，为高质量的梦飞田园综合体的一二三产业融合提供发展方向和计划。

（二）乡村建设，提高村民幸福感

坚持用建设改变村民观念，对整个片区进行整体规划、策划、景观设计，让村民看到、感受到人居环境的改善。同时，融入浙江未来乡村理念，以芦笋产业基地为核心，以适宜的步行半小时慢性可达范围为空间尺度，以生产、生活、生态、治理各需求为目的，打造满足村民日常生活及就业需求的宜居、宜业、宜游、宜学的美好乡村生活圈，提升村民的生活幸福感。

（三）乡村运营，焕发乡村新活力

坚持运营前置，明确自身定位，确立发展目标，找准发展方向。西岗村立足当地资源禀赋和产业发展重点，通过市场化的计划、组织、实施与经营模式，成功激活乡村发展活力，实现村民增收致富的目标，充分释放乡村经济潜能，推动乡村振兴的可持续发展。在此基础上，始终牢记乡村振兴的初心使命，积极发挥联农带农机制，通过吸纳村民广泛参与，不断增强村庄发展的内生动力与社会凝聚力。

第二节　红井村：文化定桩与规划赋能

红井村凭借独特的自然和文化资源，围绕“一核两线三化”的总体规划思路，以“知青故里、研学基地”为核心 IP，成功实现了文化资源的活化与经济水平的提升。本案例详细解析了红井村如何通过“文化定桩”与“规划赋能”有机结合，塑造特色形

象、铸造文化灵魂，同时聚焦特色发展。结合乡村的资源禀赋和产业优势，以综合性、系统性的规划方法推动乡村产业经济、社会文化及空间环境的“三位一体”协调发展，取得显著成效。

红井村的案例成为规划赋能以打造村庄特色 IP 的成功方案，凸显了文化定桩和规划赋能结合的方式在激发乡村潜力、提升乡村经济、实现乡村可持续发展中的核心作用和应用价值。

一、红井村的基本情况

（一）基本情况

红井村位于赣江南支入口处，隶属南昌市南昌县，由高新区鲤鱼洲管理处管理。该村地处战略要地，总面积约 262.4 亩，常住居民为 261 人。红井村的乡村振兴项目是 2023 年南昌市农业农村“两整治一提升”（即农村路域环境整治、农村人居环境整治、农业特色产业提升）的示范项目之一。该项目的实施旨在通过系统的规划和设计，提升村庄的整体生活质量和文旅产业的经济效益，同时作为白鹤小镇的子项目，进一步整合和提升区域的旅游和文化资源。

（二）村庄特点

1. 交通位置便利

红井村距离南昌市区约 53 公里，车程大约 1 小时。便利的区位条件为村庄带来了独特的发展机遇。

2. 企业聚集地

红井村位于南昌高新区，周围集中了多家企业和科研机构，这一地理优势不仅带来了经济活力，还推动了企业团建和专业研学方面的需求。

3. 人文高地

清华大学江西实验农场的旧址位于红井村，以“清华文化”和“知青文化”而闻名，拥有丰富的文化资源和历史价值。

4. 观鸟圣地

红井村的湿地和水系资源丰富，是多种候鸟的迁徙停歇地。

红井村俯瞰图见图 10-2，红井村区位分析图见图 10-3。

图 10-2　红井村俯瞰图

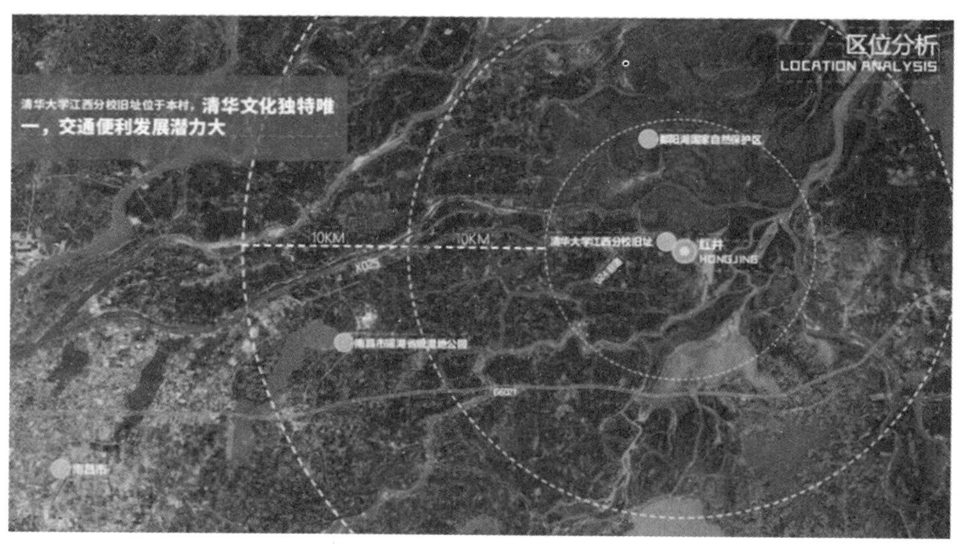

图 10-3　红井村区位分析图

二、规划先行：IP 定位与前期策划

（一）IP 定位：知青故里，研学基地

红井村的规划先行始终坚持精准施策、因地制宜，深入挖掘和利用红井村独特的自然和文化资源。通过对村庄历史文化、自然环境等进行特色提炼，打造出一个符号化、个性化的具体形象，从而凝练形成“知青故里，研学基地”的核心 IP，为后续的规划设计奠定基调、指明方向。

（二）前期策划：资源整合，文化活化

1. 利用地理优势和生态资源，打造红井模式

“观鸟圣地”和“企业云集”的红井优势，为规划先行提供了道路指引。通盘考虑空间布局、生态保护，将自然资源转化为村庄经济发展的潜力。

2. 活化深厚的历史底蕴和文化优势，铸就红井精神

“来红井，上清华”成为红井村打造村庄核心IP的文化传播策略。通过深入挖掘红井村的“清华文化”和“农垦精神”，将其创造性地融入规划设计与策划思路中，科学有序地引导规划的落地实施，实现文化资源向可持续社会经济效益的高效转化。

三、规划设计：总体思路与空间布局

（一）总体思路：“一核两线三化”

规划设计以红井的丰富自然资源和深厚的文化资源为基底，遵循“一核两线三化”的思路框架：核心理念——打造村庄IP；双主线策略——文化定桩和产村融合；三化思路——文化场景活化、文化精神活化、文化体验活化，旨在全面活化、经济化乡村文化资源，同时推动农文旅长效融合。

1. 增量与存量的动态平衡

在规划设计的过程中，以挖潜红井村的存量为主，因地制宜盘活村庄内低效用地，优先保障农民居住、乡村基础设施、公共服务空间和产业用地需求。

2. 传统与现代的有机衔接

在延续红井村传统文化特色的同时，引入现代设计和技术，将红井的“清华文化”和“农垦精神”与现代的旅游和团建需求相结合，创新传统文化的现代呈现方式，提高村庄的吸引力。

3. 供给与需求的精准匹配

规划确保资源优化利用和需求响应设计紧密结合。红井村的规划设计充分利用其靠近企业集聚区和城区的地理优势，以满足企业团建、研学和短途旅游的需求为方向，开发适宜的基础设施和服务设施。

（二）空间布局：“两大市场和五大功能区”

空间布局充分体现“一核两线三化”的规划思路，创建功能互补的区域，总体呈现“两大市场和五大功能区”的战略布局，两大市场包括主题研学市场和休闲度假市

场，五大功能区服务于不同的市场需求，分别为研学核心服务区、田园水系观景区、运动功能配套区、商业住宿体验区、基础设施提升区。

四、规划实施：关键节点打造与主题凸显

（一）关键节点打造

聚焦红井村的文化构成、产业发展和生态景观三个方面，对村庄建筑进行分类分区规划，从而打造凝聚村庄特色的关键节点与场景。

1. 文化体验节点

聚焦红井村的“清华文化”与“农耕精神”，以“来红井，上清华”为核心，将红井村丰富的历史文脉与清华文化元素相融合，进行清华旧址、紫荆研学宿舍的建设，实现与“清华研学”零距离接触；锚定“艰苦奋斗·勇于开拓”的农垦精神，红井晒谷场和知青拖拉机农场上挥洒的汗水弘扬着奋发向上、无私奉献的精神。

2. 产业发展节点

红井村的清华研学场景项目不仅为传承历史文化、促进教育交流提供了平台，也为增强乡村活力、推动地方经济社会发展开辟了新的途径。红井村保护、还原村庄过去的供销社体验点，同时将原有的农舍进行改造，建设成与村庄文化体验节点相配套的住宿——水木间民宿。

3. 自然生态节点

被白鹤叫醒的自然村——红井村。白鹤小镇是鄱阳湖国际观鸟周最适合观赏白鹤的观鸟点之一，红井村作为其区域建设的一部分，以生态资源丰富和观鸟为核心特色，共同规划建设千鹤文化村；在保留村落原有风貌的前提下，依托场地现有的建筑，对其进行提升改造，并融入白鹤文化元素，将废旧仓库变身为白鹤共生馆，建设生态步道、观鸟台等。

（二）主题凸显

红井村在围绕主题凸显进行规划设计的过程中紧紧以“三化”为总体思路，即文化场景活化、文化精神活化、文化体验活化，聚焦“艰苦奋斗·勇于开拓”的农垦精神，还原红井文化本色，推动乡村文化资源的活化，实现文化有形化、经济化、全面活化。

1. 文化场景活化

根据现实情况，红井村统筹基础设施建设时将红井村分为两个板块。一是村庄主路及六组为主的上期建设建成区，设计策略为打造清华主题研学基地，大力发展研学旅游产业。二是基础设施相对薄弱的七组和八组，以完善“一整四化”的基础设施建

设工作为重点，提升片区整体人居环境风貌及便利性。通过文化场景的活化，完善文旅发展配套的基础设施建设，让农民看见农村的美丽。

2. 文化精神活化

红井村位于高新区，周围的高新企业和科研团队众多，以企业的团建活动和精神需求为村庄文旅产业发展关注的方向，锚定“农垦精神”，即奋发向上的精神风貌和无私奉献的核心价值观。迎合现代团建文化赋能的需要，同时结合传统农耕文化与现代研学需求，在传承红井农垦精神内涵的同时，推动文化的变现。

3. 文化体验活化

红井村的文化脉络拓展项目通过设计研学场景和活动，打造一个独特的“清华文化”体验平台，实现“我与清华零距离”。紫荆研学宿舍的设计为参与者营造了沉浸式的住宿体验，浓厚的学术氛围知青书吧、大量知青时代文献、静谧的听涛园，都是以“清华文化”为核心的体验活化。项目开发了“八个一”品牌项目，包括知青课、植树活动、食堂餐饮体验等，这些活动让参与者深刻体验知青文化，传承知青精神。

五、规划成效：实施效果及经验亮点

（一）实施效果

1. 基础设施和人居环境的提升

红井村实施了“一整四化”项目，包括房前屋后环境整治、道路硬化、村庄绿化、污水净化和路灯亮化等措施，显著改善了村庄的环境和建筑外观，提升了居民的生活质量，并为发展文旅产业创造了有利条件。

2. 红井文化的传承与活化

在规划与实施过程中，红井村积极保护并活化“清华文化”和“知青文化”，同时创新地将传统文化元素与现代公共空间设计相融合。在延续历史性的同时增强现代性，这不仅保护了文化遗产，也使之成为吸引游客的重要文化资产。

3. 文旅产业发展与经济增收

产业发展在红井村的规划中起到了核心驱动作用。通过规划牵引产业发展战略，红井村有效地整合了丰富的文化资源和自然资源，红井村不仅打造了以“观鸟圣地”为主题的文化旅游产业，还结合白鹤小镇的全域旅游优势，红井村的六、七、八组成功转型为特色民宿集聚区，尤其在观鸟季节，吸引大量游客和自然爱好者，从而为村庄带来了显著的经济增收，单季度收入增加超过 20 万元。

（二）经验亮点

1. 聚焦特色，强化独特定位

红井村的规划实践成功提炼并强化了村庄的文化特色，聚焦“清华文化＋知青文化”的独特亮点，打造红井村的特色 IP。通过深入挖掘红井村的文化内核，将其转化为独具吸引力的业态创新，有效避免了文化展示中的“同质化视觉疲劳”。此外，围绕村庄的文化主线进行宣传和开发，不仅提高了村庄的知名度，也增强了文化的传播力。

2. 文化定桩，塑造全链条的文化场景

在规划中把乡村历史文化内涵和村庄公共空间紧密结合起来，以公共空间为核心，规划和打造了一系列全链条的文化场景，综合性整合四季全域旅游要素，按照“一村一主题”的规划方式，形成全链条、一体化的文化展示和体验场景。

3. 规划赋能，实现文化的经济转化

红井村的规划设计不仅重视文化的保护与活化，还注重文化资源的经济潜力。坚持“规划先行，全域联结”的设计理念，通过精心设计的文化体验场景，实现了文化的价值变现和经济发展的有机结合。

第三节　湖陂村:“三新计划”与规划引领

塔城乡湖陂村，地处南昌县塔城乡水岚洲半岛，曾被划定为省级“十三五”贫困村，当时全村有建档立卡贫困户 41 户 85 人，其中五保户 6 户，扶贫低保户 35 户。自 2022 年南昌市委、市政府出台“两整治一提升”专项行动后，在塔城乡党委负责人的带领下，湖陂村进行村庄内标致建筑和总体规划设计，通过共同富裕样板村打造、试点实施塔城乡“三新”（新村民、新农人、新业态）计划。如今，曾经遭洪水冲击造成的“荒村破屋”经过乡村设计摇身一变成为“网红打卡地”，正吸引着一帮年轻人返乡创业，并获评全省乡村振兴示范村、全省乡村治理示范村、全省“一村一品”示范村（休闲旅游）。

一、湖陂村的基本情况

湖陂村坐落于塔城乡水岚洲中心轴上，西临抚河东接青岚湖，辖区总面积 6.2 平方公里，其中耕地面积 4088 亩；共有 5 个自然村，全村共 1016 户，户籍人口 3605 人，下设两个党支部，党员 72 名。

湖陂村地理位置优势显著，它是半岛乡村的交通枢纽，是过塔城大桥的第一站，湖陂集市也一直都是周围各村来来往往的集散地。近年来，塔城乡坚持点线面的结合，注重整村连片区域建设，集中力量打造了三条精品线：进乡公路省道 S104；水岚洲中心公路县道 028 湾庄线；县道 024 五沙线抚河尾闾项目地。湖陂村有直达南昌市地铁口的公交车，距离昌东站 20 分钟车程，距离莲塘县 20 分钟车程，距离红谷滩区 40 分钟车程，一路是畅通无阻的快速路，可划入南昌市一小时甚至半小时经济圈。

生态资源优越，塔城乡位于南昌县东南 25 公里，乡情特点可以用“一洲、二大、三特、四产”来概括：“一洲”是指水岚洲。全乡因抚河隔成东、西二区，河东称为水岚洲，被誉为“鄱湖半岛、生态明珠”。“二大”是指水域面积大、植被面积大的自然优势，全乡水域面积 5 万多亩，共有林地、绿地面积约 8200 亩，占地近 4000 亩的磊鑫生态园为省林科院科研实验基地。“三特”是指新村规划有特点、地形地貌有特征、民俗文化有特色。“四产”是指建筑业、水产业、调味品、绿色农业四大品牌特色产业。

湖陂村地处被抚河、青岚湖环抱的水岚洲，村中有 10 多亩水杉林、2700 亩连片稻田和几百亩菜地，春可赏千亩油菜花，夏可听稻田蛙声，秋冬季节，成千上万的候鸟在这栖息，是整个江西观赏候鸟不可多得的好去处。也正是因为对生态环境及自然资源的保护，湖陂村 2011 年被授予“江西省生态村”称号；2020 年，被江西省林业局授予第一批“江西省森林乡村”称号。2022 年，由于其便利的交通区位与丰富的生态资源，湖陂村“彭家北、祝家北、龚家”3 个自然村被选定为共同富裕样板村进行建设。

二、规划先行：IP 定位与前期策划

1. 规划先行，筑梦引凤归巢

湖陂村村庄建设与改造起源于塔城乡党委书记杨建辉的总设计。基于南昌市“两整治一提升”行动，塔城乡探索平原乡镇如何抓好村庄整治的难题，将路域环境、人居环境、特色产业三者深度融合，打造乡村建设样板。

村庄规划主要紧扣以下四个方面推进。

一是引导村庄全民共同推进，成立乡党政项目推进工作专班，并划分党员网格责任区，营造人人参与的良好氛围。

二是完善基础设施配套，注重整村区域打造，集中力量开展主干道路路域环境整治，进行全线布局和两类村同步提升打造。

三是紧扣产业发展，注重农文旅融合，着重挖掘和布局长堤花海、七彩乡路、水杉秘境、岚洲门（绿荫时空隧道）等自然风光优美的“水岚十景”，串联周末市郊乡村休闲旅游精品线路，打造品牌乡村。

四是紧扣村庄运营与管护，提升市场化品质，探索实施“三新计划”，招引新村民、培育新农人、发展新业态。湖陂村的乡村规划与建设先行策略为村庄招引新村民、发展新业态打下了良好的基础。

2. 评估存量，开拓村庄新局

湖陂村全面摸清村庄内闲置房屋（建筑物）的底数，及时梳理出可对外租赁、可项目利用、可清理拆除的“三类”（乡村闲置、破旧、宅改）房屋信息。2021 年至今，实现了新村民由最初的 1 户到 12 户的聚集。在房屋流转方面，以村委会为主体进行市场化运作，村委会负责闲置资产流转整合，房屋对外租赁信息由第三方运营团队进行

宣传推介，吸引更多的城镇居民来感受塔城舒适、优美的乡村环境，并在房屋租赁方面全程优化服务，按照现场看房、提交意向金、签订租赁合同、实施房屋改造等工作流程，统筹乡村两级人员力量，提供“一站式”服务，加快新村民办理进程，确保新村民能够安心入住。

3. 突出产村融合，激发发展活力

湖陂村深入推进“主一接二连三”产业协同发展，延长农业产业链条，发展各具特色的现代乡村富民产业。围绕新村民、新农人的发展方向，建成欢喜岛、白鹭农场、青年旅社、村史馆、灵感书屋等乡创空间，长堤花海、七彩乡路、水杉秘境、岚洲门（绿荫时空隧道）等自然风光优美的“水岚十景”连珠成线，逐渐形成规模，产生集聚效应，为传统的农业经营注入新的现代要素，在一定范围内形成百花齐放的经营生态。

4. 重视城乡融合，打造城市后花园

一方面，湖陂村通过“招引新村民、培育新农人、发展新业态”的“三新计划”，盘活流转乡村闲置破旧房屋，对外推介招引城市社群来乡村生活、创业，坚持留住原乡人、唤回归乡人、吸引新乡人，共建共享美好家乡；另一方面，纵观整个南昌市郊，除梅岭这一备受青睐的“城市后花园”外，几乎难以找到另一个常被选择的休闲目的地。基于此，可依托南昌县的经济实力，选定塔城乡湖陂村作为重点发展区域，结合“三新计划”等乡村发展理念和创新思路，重点打造特色休闲旅游项目，从而促进南昌市休闲旅游资源的均衡发展。

三、规划设计：总体思路与空间布局

湖陂村坚持“主一接二连三”产业协同发展，注重农文旅融合，在示范区形成了“一片二园三基地”多元化业态，将村庄建设与周边产业连通互动、融合推进，实现整治资金投入和产出的效益化，让美丽风景向美丽经济转化。

1. 增量与存量的动态平衡

湖陂村规划设计以盘活村庄的存量为主。2021 年，基于塔城乡政府盘活村庄三类资产的行动，湖陂村开始对村庄内破旧、宅改、闲置的三类农房资产进行盘查和登记，整理出可以进行改造的闲置房屋 20 多栋。2023 年，由于开放项目涉及部分村内老宅，湖陂村基于塔城乡宅基地改革对村庄内农房资源进行盘活。

2. 保护是开发的前提

塔城乡围绕提出的打造生态青岚水乡的目标，一方面积极行动保持青岚湖的水质优良，另一方面也对附近的村民加大了候鸟保护的宣传，不断提升青岚湖的生态环境，为来塔城越冬的候鸟提供良好的栖息场所。湖陂村依托水岚洲丰富的观鸟资源，打造了村庄目前最火爆的一个网红点——水杉秘境观鸟台。

3. 长期目标定调，短期目标灵活调整

基于“一片两园三基地”的业态布局和“三新计划”的村庄发展策略，湖陂村在村庄发展的过程中不断对近期发展目标进行灵活调整。以前的湖陂村，村庄发展的重点在于基础设施改造与提升，在村内的网红点打造成功，越来越多客流进入村庄时，湖陂村根据对村庄接待能力的新要求增加饭店、民宿的建设，并保持乡村旅游的特色。针对村庄发展面临的一些新问题，湖陂村书记表示，村庄里的很多东西是随着乡村的发展而产生的，比如，以前村庄里没有饭店，现在客流量多了才有的。湖陂村新村民表示，大家来到村子里能够感觉到这里特别安静，人们在城市比较喧闹的环境里待久了，就很想享受这种安静，应该做一个流量的测算，以保持这个乡村的文旅特性。

根据以平原地貌为主、农田成片的优势以及丰富的水杉森林景观与观鸟资源丰富的生态景观优势，结合村庄特色的“三新计划”，湖陂村进行了“一片两园三基地”的业态空间布局。其中，“一片”指的是益海嘉里订单农业千亩示范片；“两园”指的是玉明生态园（魏家山庄）和鑫茂蔬菜园；“三基地”指的是新村民乡创基地（包括福气小站和灵感书屋）、鹭岛露营基地和乡野共享基地（白鹭农场）。

益海嘉里订单农业千亩示范片由种粮大户李明的家庭农场承接耕种，稻谷丰收后由益海嘉里公司统一收购，实现产销一体，并由县财政局和益海嘉里公司另外各补贴农户 0.02 元/斤，农户可以直接增收约 80 元/亩每年。

玉明生态园（魏家山庄）临青岚湖而建，共流转村内土地 3100 多亩，其中农田约 2000 亩、水面约 900 亩、林地约 200 亩，主要建有葡萄采摘园、特色垂钓、特种养殖、生态农业、观赏候鸟等功能区。

鑫茂蔬菜园在魏家村庄最北面，共流转土地 260 亩，主要以种植青菜、包菜为主，以及茄子、辣椒、丝瓜等时令蔬菜，主要供应谊品生鲜、万事达、旺中旺等超市，并带动周边村民 50 多人就业。

新村民乡创基地目前主要包括福气小站和灵感书屋。福气小站是由一栋坍塌一半的旧屋修复改造而成的怀旧风格建筑。其改造者为陈松，彭白玲负责运营，并将其命名为“福气小站”，主要功能是休闲娱乐，主营咖啡、茶、酒水等。灵感书屋基于湖陂村“共同富裕”样板村基金建设，截至 2023 年，已有江西人民出版社捐赠书刊 300 余册，南昌市税务局捐赠书籍数册。灵感书屋为村民提供了知识共享平台，让读书成为伴随村民一生的生活习惯，使其在读书中提高审美情趣、汲取精神营养。

鹭岛露营基地由江西营趣文旅公司负责运营，共有水杉秘境、鹭岛·乡野美学营地、共享菜园三大板块，每年秋冬季节，成千上万的候鸟在这里栖息，观赏候鸟是秋冬季节的一个特色活动。以共享模式串联在地产业，打造共享营地、共享农场、共享菜园、共享果园、共享厨房、共享鱼塘的多种共享经济集群；以共创事业打造乡创艺术部落，吸引意见领袖、专家学者、玩家达人共建部落生态，吸引返乡青年、自由职业者成为新村民，帮助在地村民解决就业问题、提升收入、更新技能；以共建生态致力于可持续发展与生态友好，深耕在地产业，打造乡土 IP、生态 IP、人文 IP，项目资金投入 220 万，采取租赁形式增加村集体年收益 10 万，预期特色产业带

动增加贫困人口收入（总收入）10万，带动脱贫人口10人以上，脱贫户满意度能达到95%以上。

乡野共享基地（白鹭农场）是由废旧猪栏改造而成的乡旅共享空间，里面有共享办公、共享营地、共享厨房、共享果园、共享菜地等多个共享区域。

四、关键节点打造和主题凸显

（一）文化场景设计：强化优势资源

结合村内新村民民居和村庄共同富裕样板村的打造，湖陂村在文化场景上重点突出以下两个方面。

1. 村内民居集中区

在村内民居集中区，湖陂村重点突出新村民计划。在景观利用上，在新村民房屋外侧悬挂新村民民居标示牌，并在预备出租的民居外侧悬挂大幅新村民计划宣传海报，出租成功以后可依据业态特色、文化基底对房屋进行现代化改造。

2. 村内基础设施与公共服务设施节点

村内基础设施与公共服务设施节点如道路两侧、村民广场、村庄水塘、新村民入住房屋周边，陈列着村庄改造的前后对比宣传栏，宣传村庄的乡村建设经验。

（二）产业场景设计

村庄产业是村庄的经济动脉，也是对外链接的一个窗口。湖陂村的水杉林是各类鹭鸟的重要栖息地，结合丰富的观鸟资源，湖陂村在村庄建设中加入白鹭元素，打造带有白鹭文化元素的白鹭农场、鹭岛·乡野美学营地等村庄产业。

五、规划成效：实施效果及经验亮点

2023年，南昌县湖陂村已经打造益海嘉里订单农业千亩示范片、玉明生态园、鑫茂蔬菜园、福气小站、灵感书屋、乡野共享基地（白鹭农场）等“主一接二连三”的产业发展业态，并成功引进12位新村民。

（一）实施效果

1. 基础设施提升和区域融合发展

塔城乡基于“两整治一提升”，坚持点线面的结合，注重湖陂村整村连片区域建设，集中力量打造了三条精品公路线，并在两侧布局了17个“两类村”（共同富裕样板村和乡村振兴示范村）宣传点，共同实现行政村全域建设，实现了村庄基础设施建设的提升和区域的融合发展。

2. 美丽乡景转化为美丽经济

湖陂村坚持“主一接二连三”产业协同发展，注重农文旅融合，在示范区形成了“一片二园三基地”多元化业态，将村庄建设与周边产业连通互动、融合推进，采取租赁形式增加村集体年收益，实现整治资金投入和产出的效益化，让美丽风景向美丽经济转化。

3. “荒村破屋”变身新村民乡创基地

在盘活村庄闲置资源的基础上，湖陂村激活“增量”，坚持留住原乡人、唤回归乡人、吸引新乡人，共建共享美好家乡。探索实施“三新计划”，通过招引新村民、培育新农人、发展新业态，为村庄注入新鲜血液，盘活流转乡村闲置破旧房屋，对外推介招引城市社群来乡村生活、创业。

（二）经验亮点

1. 规划先行，实现区域建设融合发展

湖陂村的规划实践将整村进行区域连片建设，聚焦于融合发展、整体提升；将村庄内业态进行串珠成链式的规划与联结，推进村庄整体化、系统化发展。

2. 开拓创新，“新村民”共塑“新乡景”

在规划中，湖陂村不仅基于已有村庄资源对村庄布局、村庄建筑进行规划，还努力寻求“增量”，坚持开放包容的态度，通过招引新村民，为村庄带来新鲜血液，实现引入新村民、共塑新乡景的愿望。

3. 文旅共创，实现美景的经济转化

湖陂村的规划注重整体性、创新性，还注重产业协同发展。坚持“主一接二连三”的产业协同发展，坚持村庄规划建设与产业的发展融合推进，以农文旅赋能，实现美景向经济的转化。

— 本章小结 —

本章基于乡村规划实践，整理了新建区西岗村、南昌县红井村和湖陂村的规划案例，为读者提供规划设计赋能乡村振兴的案例参考。通过具体案例呈现出不同形式的城乡规划策略，展现以城乡融合发展为统领，村庄规划致力于提高人居环境，推动一、二、三产业融合发展，带动村民增收。

— 关键术语 —

IP 打造　场景打造　乡愁载体

— 复习思考题 —

1. 三个案例村庄规划赋能乡村振兴的路径是什么?
2. 怎样策划、规划村庄独特的IP?
3. 村庄规划和设计中的关键环节有哪些?

第十一章

数智规划：生成式人工智能与村庄规划

◆ 重点问题

- 生成式人工智能的内涵及其在村庄规划中的应用
- 生成式人工智能应用于村庄规划可能会面临的挑战

随着时代的变迁和科技的发展，村庄规划的方式也迎来了革命性的转变。在传统规划中，规划师通过实地考察、统计数据和历史经验来制定规划方案，这种方法虽然稳健，但在效率和创新性上存在一定的局限性。而通过机器学习和大数据分析，人工智能（AI）可以为村庄规划提供更为精准和高效的解决方案，为村庄的可持续发展注入新的活力。

在新式村庄规划中，AI 的应用使得规划过程更具科学性和客观性。它能够分析处理海量的数据，识别出传统方法难以发现的模式和趋势，规划师在其辅助下可产生更为合理的规划方案。此外，AI 的创造性和灵活性也为村庄规划带来了前所未有的机遇，它可以根据不同的地理条件、文化条件和社会条件，生成定制化的规划预览图和方案，满足多样化的需求。同时，AI 的自动化和高效率也大大缩短了规划周期，降低了成本，提高了规划的可操作性。

在新式村庄规划中，较常被提及和使用的是生成式人工智能。生成式人工智能（Generative AI）作为人工智能领域中的重要分支，正日益展现其在村庄规划中的独特价值。它以生成内容的能力为核心，从根本上拓展了人工智能的应用边界[①]。本章以生成式人工智能在村庄规划中的潜力与挑战为核心，系统梳理了这一技术的内涵、发展路径及其在规划实践中的具体应用。通过解析生成式 AI 如何整合多源数据、优化设计流程、实现动态决策支持和推动多方协作，全面揭示其在乡村振兴背景下为村庄规划创新提供的新思路。同时，本章也探讨了生成式人工智能在数据隐私保护、技术与人文融合以及技术普及等方面所面临的现实困境，提出了应对挑战的思考与解决路径，为进一步推动生成式人工智能在村庄规划中的应用与发展提供了理论支持和实践参考。

① 刘湘雯．云智融合促新质生产力加速发展［J］．经济，2024（7）：30-33.

第一节　生成式人工智能概述

在新时代乡村振兴与城乡融合的背景下，生成式人工智能（Generative AI）展现出了巨大的发展潜力，为村庄规划创新了规划思路与生产工具。生成式人工智能是人工智能的一个分支，是基于算法、模型、规则生成文本、图片、声音、视频、代码等内容的技术。这种技术能够针对用户需求，依托事先训练好的多模态基础大模型等，利用用户输入的相关资料，生成具有一定逻辑性和连贯性的内容①。与传统人工智能不同，生成式人工智能不仅能够对输入数据进行处理，更能学习和模拟事物内在规律，自主创造出新的内容。这种技术能力的拓展与延伸，使其能够在村庄规划中发挥独特作用，从高效的方案设计到多维数据分析，为解决传统规划中的痛点提供了新的路径选择。

一、人工智能的发展历程

人工智能（AI）自诞生以来经历了多个关键阶段，其发展历程既是技术进步的缩影，也是人类认知与创新能力不断突破的体现。早在20世纪50年代以前，人类就对AI的发展打下了一定的哲学与数理基础，如哲学家对“思维”与“智能”的探讨，布尔代数和图灵机等。

1950年，图灵在论文《计算机器与智能》中提出“图灵测试”，首次探讨了机器是否能够模拟人类智能②。之后，AI研究聚焦基于规则的专家系统和算法优化。1956年，达特茅斯会议的召开标志着人工智能的正式诞生，随后研究者开发了逻辑理论家等能证明数学定理的程序，并尝试用专家系统解决问题。20世纪60年代后期，出现了如ELIZA（模仿心理咨询师对话）等早期自然语言处理程序。之后硬件算力不足和算法的局限使得AI无法解决实际问题，人类对AI的探索进入低潮期。1986年，Rumelhart等人提出“反向传播算法”③，为神经网络的发展注入新活力。概率方法与贝叶斯网络的引入，也为AI处理不确定性问题提供了新工具。20世纪90年代至21世纪初，数据驱动的统计学习成为主流④，机器学习算法（如支持向量机）得到了广泛应用，互联网的普及进一步推动了数据规模的增长，国际象棋对局中，“深蓝”战胜卡斯

① 本书编写组．党的二十届三中全会《决定》学习辅导百问［M］．北京：学习出版社，2024.

② 罗素，诺维格．人工智能：一种现代的方法［M］．殷见平，祝恩，刘越，等译．3版．北京：清华大学出版社，2013.

③ Rumelhart D E，Hinton G E，Williams R J. Learning Representations by Back-propagating Errors［J］．Nature，1986（323）：533-536.

④ 俞凯，陈露，陈博，等．任务型人机对话系统中的认知技术——概念、进展及其未来［J］．计算机学报，2015（12）：2333-2348.

帕罗夫成为AI技术突破的重要象征。进入2010年代，深度学习的兴起使得AI在图像和语音识别等领域取得了跨越式进展，2012年ImageNet竞赛的成功和2016年AlphaGo击败李世石等里程碑事件展现了AI的潜力。进入2020年代，生成式AI爆发，基于大规模语言模型和扩散模型的技术广泛应用于文本、图像、音乐等生成领域，工具如ChatGPT和AlphaFold进一步推动了AI从学术研究走向产业化。未来，人工智能将在通用智能、多模态感知和社会领域释放更大潜力。整体而言，人工智能从理论基础到技术应用经历了多次起伏，成为推动社会变革的重要力量，未来发展充满无限可能。

二、人工智能与生成式人工智能

生成式人工智能（Generative AI）是人工智能的重要分支，其核心特征在于不仅能够识别和分析数据，还能根据学习到的模式生成新内容。这种生成能力基于复杂的深度学习模型，特别是生成对抗网络（GAN）、变分自编码器（VAE）和基于自注意力机制的大规模预训练模型（如Transformer架构），使其能够生成文本、图像、视频、音频等多模态内容①。生成式AI的独特之处在于，它不仅是数据驱动的分析工具，更是一种能够模拟创造性和表达能力的技术，这为众多领域带来了变革性应用。在自然语言处理领域，生成式AI如ChatGPT可生成高质量的文本回答、创作内容，甚至进行机器翻译；在图像生成领域，DALL-E和Stable Diffusion能够根据描述生成逼真的艺术作品或设计草图；在音乐领域，生成式AI能够创作新旋律或为现有作品添加伴奏；在科学领域，生成式AI如AlphaFold已成功预测了蛋白质结构②，推动生物科技创新。此外，生成式AI在影视制作、游戏开发和虚拟现实中也展现了强大的应用潜力，其生成的新内容为创意产业注入了新动力。在教育和社会领域，生成式AI可以个性化定制教学内容、模拟社交互动或提供心理支持，拓展了服务的广度和深度。然而，生成式AI作为人工智能的高级形态，也面临着一系列挑战。其生成的内容可能存在偏见、不真实性甚至潜在的误导，尤其是在深度伪造等领域引发社会伦理问题，同时对数据隐私的依赖也增加了风险。因此，生成式AI的发展不仅需要技术上的突破，还需要法律和伦理框架的支持③。

总体而言，生成式人工智能作为人工智能发展的重要阶段，不仅体现了AI技术对人类创造力的深度模拟，还展现了其从被动分析到主动生成的进化路径，为科技与社会的发展开辟了新的可能性。

---

① 徐常胜，黄晓雯，钱胜胜，等．基于社会多媒体内容的用户建模应用研究［J］．南京信息工程大学学报（自然科学版），2020（1）：31-44.

② Tunyasuvunakool K. Highly Accurate Protein Structure Prediction for the Human Proteome［J］. Nature，2021（596）：590-596.

③ 袁立科．人工智能安全风险挑战与法律应对［J］．中国科技论坛，2019（2）：3-4.

第二节 生成式人工智能在村庄规划中的潜力与应用

一、数据分析与预测

在乡村振兴与城乡融合的背景下，生成式人工智能的数据分析与预测功能可以为村庄规划提供强大的支持。人工智能通过从大量历史与实时数据中提取有用信息，能够帮助村庄规划师全面理解村庄的发展趋势，增强人口变化预测、土地资源配置和产业发展布局的科学性，为科学决策提供坚实的数据基础。这种技术能力不仅提高了规划的科学性与精准性，还可以促进城乡一体化进程中的资源优化和协同发展。总的来说，生成式人工智能的数据分析与预测功能可以具体表现在以下几个方面。

一是全面分析村庄发展趋势。生成式人工智能可以通过整合历史数据，建立多维度预测模型对村庄的发展趋势进行全面分析。它能够从土地利用、经济发展、人口流动、生态变化等多源数据中提取关键特征，揭示影响村庄发展的主要驱动因素。通过机器学习和深度学习算法，AI能够解析复杂的因果关系，如政策变动对农业生产的影响或人口迁移对资源分布的变化，并动态更新分析结果以反映实时发展状况。同时，生成式AI可以利用模拟与预测功能，评估不同规划策略对未来发展的潜在影响，提供村庄发展的动态全景视图，为科学决策奠定数据基础。

二是科学预测人口变化。生成式人工智能通过分析历史人口数据、经济指标、政策变动和社会行为模式，结合大量样本数据如迁移流动、出生率、死亡率等，科学预测人口变化趋势。利用深度学习算法，AI能够识别复杂的时空特征和隐性关联，构建高精度的动态人口预测模型。这些模型不仅可以预测总体人口规模的变化，还能细化到年龄结构、性别比例和职业分布等层面，反映人口流动、老龄化趋势以及返乡人口规模等关键问题。同时，AI还能模拟不同政策和经济情景对人口变化的影响，为优化村庄规划和资源配置提供科学依据。

三是优化土地资源配置。生成式人工智能可以通过分析土地利用现状、地形地貌、土壤质量、气候条件以及社会经济需求等多维数据，优化土地资源配置。同时，生成式人工智能还可以结合ArcGIS等地理信息系统软件，通过整合空间数据分析与深度学习算法，实现土地资源配置的优化。AI利用ArcGIS强大的地理信息处理能力，可以快速提取地形地貌、土地覆盖、土壤质量和基础设施分布等多源空间数据，构建精确的地理模型；同时，生成式AI可以通过识别数据中的潜在关联，自动生成多种土地利用优化方案，如国土空间规划分区的科学划分。ArcGIS的可视化功能使AI生成的规划方案直观呈现，并能够通过空间分析工具模拟不同情景下的土地利用效果，评估其对环境、经济和社会的综合影响，最终形成兼顾经济效益、生态保护和可持续发展的土地资源配置方案。

四是精细化指导产业发展。生成式人工智能通过深度学习与数据分析能力，全面整合区域产业结构、自然资源禀赋、市场需求、技术趋势和政策导向等多维信息，精细化指导产业发展。它能够识别区域的比较优势和关键发展潜力，生成符合地方特点的产业发展模型，例如，推荐适合当地的特色农业、生态旅游、制造业升级或数字经济布局等路径。同时，AI 通过模拟不同产业发展的动态变化和协同效应，预测其对经济增长、就业机会、资源消耗和环境的具体影响，并提供针对性的优化建议。此外，生成式 AI 还能通过实时分析外部市场与政策变化，为产业发展提供动态调整方案，帮助区域实现精准招商、资源高效配置和长远可持续发展目标。

综上所述，生成式人工智能以其强大的数据分析、模式识别和动态预测能力，能够为村庄规划提供科学、精准且动态的决策支持。在乡村振兴与城乡融合的背景下，这一技术不仅能够深度挖掘村庄发展的内在潜力，还能优化土地资源配置和产业布局，实现资源的高效利用与可持续发展。同时，生成式 AI 的实时分析与动态调整能力，能够帮助规划师应对复杂多变的外部环境，为促进城乡协同发展和实现乡村振兴战略目标提供重要助力。

二、自动化与个性化设计

生成式人工智能的自动化与个性化设计功能，已成为提升村庄规划效率和质量的重要技术手段。这一技术通过自动化设计快速生成多样化的规划方案，同时实现个性化定制，满足村庄多元化发展需求。这不仅提升了村庄规划的科学性和精准度，还推动了乡村发展的特色化和可持续化。

生成式人工智能通过整合多源数据、算法驱动的模型训练与设计生成技术，可以实现村庄规划中某些部分的自动化和个性化生成。例如，利用 Stable Diffusion 就可以实现村庄规划中人居环境整治指引图和户型推荐图的自动化和个性化生成。Stable Diffusion 是一种基于扩散模型的生成式人工智能技术，能够自动化生成各类图像，其核心能力在于高效生成复杂、多样的视觉内容，同时支持用户定义的具体指引需求。以人居环境指引图为例，通过文本描述或条件输入，用户可以指定人居环境指引图的要求，例如，建筑布局、绿化比例、道路宽度或水资源分布等细节。Stable Diffusion 会将这些要求转化为生成的指导条件并结合现有的地理信息数据（如 GIS 数据）、遥感影像和规划指标，为生成的图像奠定基础。Stable Diffusion 会使用扩散模型从随机噪声开始，逐步迭代生成图像，直到最终生成符合用户所给出的条件的高质量指引图。模型内嵌的训练数据（如已有的优秀村庄规划方案）可以很好地帮助其理解布局逻辑和生态美学。最终，Stable Diffusion 生成的指引图会直观地展现人居环境的规划布局，结合美观性和功能性，为规划者提供具体的视觉化参考，大幅提升规划效率与决策质量。

三、智能协作与多方参与

生成式人工智能的智能协作与多方参与能力，为村庄规划带来了全新的工作模式。通过技术驱动的高效数据处理、方案生成和协作平台搭建，生成式 AI 能够有效链接规划师、地方政府、村庄村民和其他利益相关者，共同打造符合需求、可持续发展的村庄规划方案。

一是数据整合与共享。从规划师视角出发，生成式 AI 可以整合多源数据（GIS 数据、卫星影像、村庄现状调研结果等），为规划师提供全面、精准的村庄基础信息支持，同时根据各方需求实现规划方案的动态协调。从村民视角出发，生成式 AI 可以将村民需求数据（通过问卷、访谈、智能传感器收集）嵌入规划模型，确保方案设计反映村民的真实诉求，真正实现开门编制，尊重村民意愿。从政府视角出发，生成式 AI 可以整合政策文件、法规要求和政府其他相关发展规划，使生成方案符合政策导向。

二是搭建智能协作平台。基于生成式 AI 的协作平台的搭建（如规划应用系统或云平台），可以使规划师、村民、政府和其他利益相关者在同一平台上交流与协作，实现直观的可视化交互。AI 生成的规划方案以图像、模型或虚拟现实（VR）形式展现，使非专业的利益相关者也能清晰理解规划内容。例如，村民可以通过可视化工具直观看到未来的村庄布局。多方参与者可以通过交互界面提出修改意见，建立实时反馈机制。

第三节　生成式 AI 参与村庄规划的挑战与展望

生成式人工智能在村庄规划中展现出巨大的潜力，但同时也面临多方面的挑战与问题，包括数据隐私与伦理问题、技术与人文的融合难题，以及技术落地与普及的现实困境。这些问题直接关系到 AI 在村庄规划中的应用效果和社会接受度，必须引起足够重视并加以解决。

一、数据隐私与伦理问题

村庄规划涉及土地权属、家庭经济状况、人口结构等敏感信息。在利用人工智能进行处理时需要格外注意数据保护，如果数据保护措施不完善，可能导致村民隐私泄露，甚至产生隐私被恶意利用的风险。同时，企业或机构可能将村庄规划数据用于商业化目的（如精准营销），违反村民的利益和初衷。当前我国的生成式人工智能应用尚处于起步阶段，缺乏完善的数据保护法律框架，无法明确界定数据的使用边界和违法行为的处罚机制。生成式 AI 在处理村民数据时，如何确保其过程和结果符合公平、公正的伦理要求，避免偏见或不当决策（如忽视弱势群体需求），这都需要我们进一步思考与完善。

二、技术与人文的融合难题

技术驱动下的设计不可避免地存在一些局限性。例如，纯技术导向的设计可能优先考虑效率和数据分析结果，而忽略了村庄特有的文化遗产、历史价值和地方习俗。这就需要我们在对 AI 模型进行训练时加强人文输入，即在算法设计阶段融入地方文化、习俗和社会结构等变量，确保生成方案的文化适应性。第一，生成式人工智能并不能做到真正的“智能”，在其参与村庄规划的过程中往往会脱离村民需求，因为生成式 AI 可能会更关注宏观指标的优化，而无法充分理解和体现村民的个体诉求与生活习惯。这就需要规划师结合现场调研和村民参与进一步调整与完善。第二，社会与文化的适应也是当下生成式人工智能参与村庄规划的一大挑战。如果AI算法中的参数和模型未针对当地特点进行调整，就可能会导致规划方案在不同地区呈现高度相似性，缺乏地方特色，从而陷入设计同质化陷阱。

三、技术落地与普及的现实困境

生成式AI在村庄规划中的落地应用也面临着多重挑战，其中就包括技术门槛与适用性问题以及基础设施与资源的不足。一方面，乡村规划师由于缺乏专业培训与技术支持，难以掌握复杂的AI技术，而普通村民因对技术的陌生感或缺乏数字设备，无法直接参与使用AI工具。此外，部分乡村干部缺乏推动技术应用的专业能力或意识，也限制了AI在规划中的推广。另一方面，许多乡村地区存在明显的数字鸿沟，网络基础设施和计算资源的匮乏导致AI工具无法高效运行，加之技术研发和实施成本较高，进一步加大了技术普及的难度。为应对这些问题，可以通过普及技术教育与培训，针对规划师、干部和村民设计分层课程，提升各方对AI的理解与应用能力；同时，开发用户友好型的简化工具，降低使用门槛；加大对乡村网络覆盖和计算资源的政策支持与投资力度，改善基础设施条件；并建立跨区域的AI资源共享平台，通过集中技术资源供多个村庄使用，从而降低个体的实施成本，促进生成式AI技术在村庄规划中的广泛应用。

— 本章小结 —

本章系统探讨了生成式人工智能在村庄规划中的应用潜力及其面临的挑战。在村庄规划领域，生成式AI通过对多源数据的深度整合，支持村庄规划师进行动态预测和方案设计，优化土地资源配置和产业发展布局，同时通过智能协作平台推动规划的多方参与和实时调整。然而，数据隐私与伦理问题、技术与人文的融合难题、技术落地与普及的现实困境，以及文化与社会适应性上的挑战，限制了生成式AI的全面应用与推广。希望本章的内容能够为读者提供部分关于“数智规划”的了解，开启探索生成式人工智能与村庄规划结合的新视角。

— 关键术语 —

人工智能　生成式人工智能

— 复习思考题 —

1. 请阐述生成式人工智能如何应用于村庄规划。
2. 未来生成式人工智能应用于村庄规划可能会面临哪些挑战？

第十二章

结论：面向乡村振兴战略的村庄规划：平衡及未来面向

◆ **重点问题**

- 村庄规划的平衡
- 村庄规划的未来面向

“村庄到底需要什么样的规划”这个问题是讨论乡村规划学科发展和规划实践的基础，也是未来较长时间内“三农”问题的重要议题之一。随着国土空间规划体系的提出，新时代的村庄规划与以往的相对聚焦房屋建设规划管理的村庄规划有着明显差异，全域全地类，经济、社会、文化等不同范畴的通盘考虑，成为新时代村庄规划的主要特征。同时，作为城镇开发边界外的详细规划，村庄规划还需要为国土空间用途管制、人居环境整治和开发建设提供法定审批依据。

由“三区三线”“全域土地综合整治”“点状供地”“庭院经济”等措施共同构成的刚性管控和弹性激励的政策共同构成了村庄规划中既激励又严控、既保护又开发的总体格局。面向当前巩固拓展脱贫攻坚成果同乡村振兴有效衔接过渡期的特殊要求以及未来乡村面临的机遇和挑战，乡村规划必须在保持各种平衡的状态下因时而变、因势而变。本章将聚焦于村庄规划的平衡对其发展进行展望和梳理，探讨时间与空间、弹性与刚性、占补与进出之间的平衡。

第一节　村庄规划的平衡

本书首章中已对村庄规划的核心范畴予以界定和阐释，包含数量与质量、结构与功能、开发与保护、增量与存量、刚性与弹性五大范畴。每对规划范畴都有相对的平衡点，依照时间、阶段、政策导向和区域空间的转变，平衡点相应发生变化，具体聚焦在时间与空间、弹性与刚性、占补与进出所形成的村庄规划的平衡体系（如图 12-1 所示）。

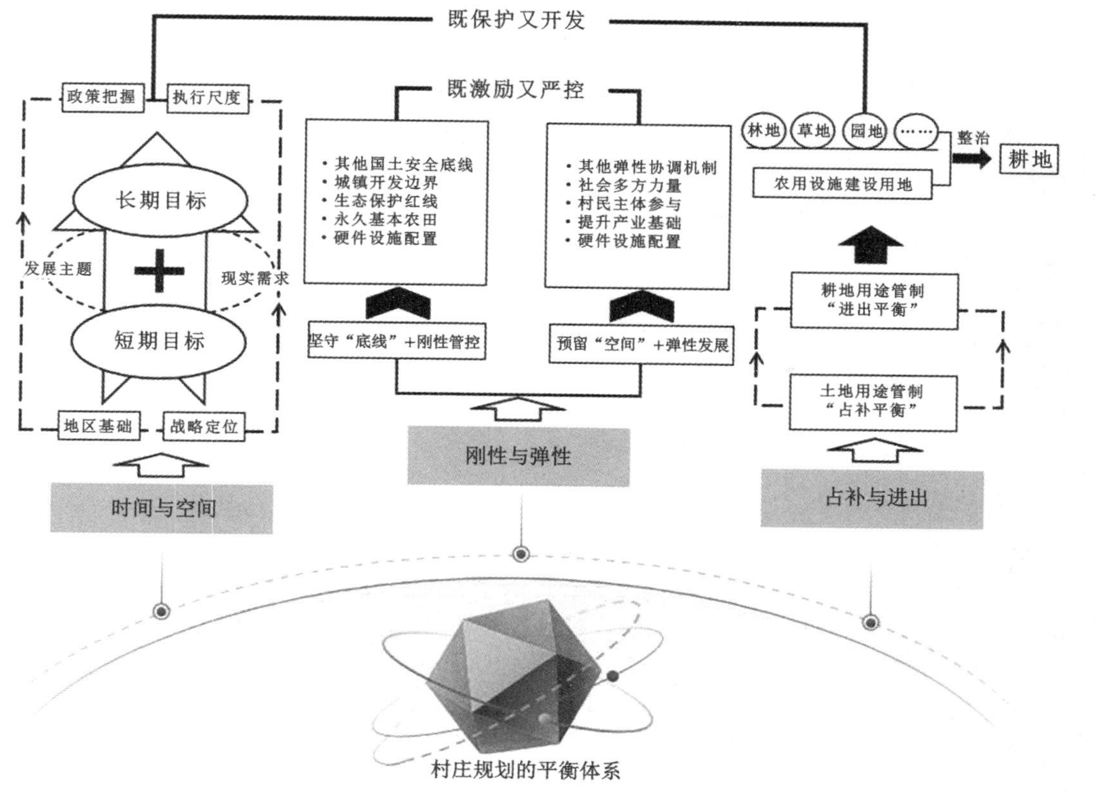

图 12-1 村庄规划的平衡体系

一、不同时间与空间的平衡

时间和空间的概念是村庄规划需要考量的首要因素，影响着村庄规划在一定时间范畴内对所在场域内的村庄所做的科学规划。

首先，关于村庄规划的时间平衡。村庄规划需要平衡短期和长期的目标，避免只关注眼前利益而忽视长远发展，或者过于强调远期目标而无法解决当前的紧急问题。在不同的时间阶段，发展主题各异，现实需求不同，由此时间尺度上平衡点产生变化。

其次，关于空间的平衡。由于我国幅员辽阔，各地发展基础千差万别、战略定位各有侧重，同时其对规划、对政策的把握和执行尺度也因人而异，由此空间尺度上平衡点产生变化。

二、刚性与弹性之间的平衡

村庄规划要坚守底线刚性管控与预留发展弹性相结合。2019 年 5 月，自然资源部办公厅印发的《关于加强村庄规划促进乡村振兴的通知》明确提出，探索规划“留白”机制，用好“建设用地机动指标”政策。各地可在乡镇空间规划和村庄规划中预留不超过 5%的建设用地机动指标，村民居住、农村公共公益设施、零星分配的乡村文旅设施及农村新产业新业态等用地可申请使用。对一时难以明确具体用途的建设用地，可暂不明确规划用地性质。在对建设项目规划进行审批时落地机动指标、明确规划用地性质，项目批准后更新数据库。机动指标使用不得占用永久基本农田和生态保护红线。这里需要特别强调的是，“项目批准后更新数据库”，充分体现了数据库管理时代村庄规划编制和实施中的一些弹性和灵活性，为灵活应对一些常规性的变动要求提供了途径。

村庄规划中的刚性是指规划的法定性和原则性，具体来说就是管控和规制，是通过“三区三线”等措施来落实耕地保护、生态红线等刚性约束。规划弹性指规划的灵活性和“空间”，是规划应对未来不确定性的一种柔性安排，在具体操作层面也衍生出“执行张弛”概念。因此，规划一方面需要明确刚性管控内容和管控规则；另一方面，要结合实际需求预留弹性发展空间。

三、占补与进出之间的平衡

村庄规划要精准落实耕地保护制度，重点关注耕地保护形势与现状，从土地用途管制“占补平衡”到耕地用途管制“进出平衡”，实现耕地的数量与质量动态平衡。为保护耕地，实际上是从管控建设占用和管控农地互转的不同角度，共同构建了村庄规划设计的平衡架构，从而实现严格保护耕地、保障国家粮食安全的目标。

1998 年修订的《中华人民共和国土地管理法》确立了以“占补平衡”为核心的土地用途管制制度，其重点是针对当时建设大量占用农地导致我国耕地面积急剧减少、“口粮田”受到严重威胁的现状，对农用地转为建设用地进行严格管控。该项制度自实施以来，不仅有效遏制了盲目占用耕地或贪大求多乱占滥用耕地搞建设的冲动，而且在总量上保证了耕地“补大于占”，为推动实现我国耕地的总量平衡发挥了至关重要的作用。2021 年 11 月 27 日，自然资源部、农业农村部、国家林业和草原局印发的《关于严格耕地用途管制有关问题的通知》，首次提出了耕地“进出平衡”的概念，并要求对一般耕地转为林地、草地、园地的土地管制，要实行耕地“进出平衡”，各省市自治区结合本地实际情况出台具体办法，细化管制措施，全面实施耕地用提管制。何为“进出平衡”？除国家安排的生态退耕、自然灾害损毁难以复耕、河湖水面自然扩大造成耕地永久淹没外，耕地转为林地、草地、园地等其他农用地及农业设施建设用地的，应当通过统筹林地、草地、园地等其他农用地及农业设施建设用地整治为耕地等方式，补足同等数量、质量的可以长期稳定利用的耕地。

耕地“进出平衡”制度加大了对农用地利用的管控力度，从“一松一紧”两个方面着手，既能遏制耕地的“非粮化”，又能为其他类型农用地的利用创造弹性空间。通过落实耕地“进出平衡”政策，一是对耕地流出为其他农用地的情况进行管控，稳住粮食种植面积，保障粮食安全。该项制度并没有对农作物品类作出严格管控和要求，故而在实际种植中，耕地除种植粮食等主要作物之外，也可种植其他经济收益高的蔬菜作物以起到优化土地平均产值、增加和平衡农民收入的作用。二是促进农用地结构布局的优化，为耕地合理合法地转为其他类型农用地创造了空间，以构建人与自然和谐共生的国土空间格局。三是耕地与其他农用地之间的地类变化反映了农村产业结构的变化，通过发展种植业、养殖业等实现农业产业多元化，助推乡村振兴。

不同时间与空间、规划的刚性与弹性、耕地的占补与进出平衡，这些都是村庄规划平衡的范畴，也是村庄规划所考虑的因素。

第二节 村庄规划的未来面向

村庄规划的各种平衡在某种程度上就是在“现在与未来”“城市与农村”“治理与技术”等范畴之间的动态平衡。到 2035 年，全面提升国土空间治理体系和治理能力现代化水平，基本形成生产空间集约高效、生活空间宜居适度、生态空间山清水秀，安全和谐、富有竞争力和可持续发展的国土空间格局[①]。2024 年 2 月，自然资源部、中央农村工作领导小组办公室发布的《关于学习运用“千万工程”经验提高村庄规划编制质量和实效的通知》提出，切实提高规划编制质量和实效，更好引领宜居宜业和美乡村建设、推进乡村全面振兴。为此，村庄规划要考虑以下几个方面。

一、面向城乡融合和乡村振兴，制定科学实用的村庄规划

面向城乡融合的时代要求，制定科学实用的村庄规划，是推动乡村振兴战略和实现城乡一体化发展的关键举措。这一规划不仅需要深刻理解城乡融合的内涵，还要在实际操作中体现出高度的逻辑性和思想深度。

首先，城乡融合要求村庄规划以促进区域均衡发展为目标。这意味着规划要充分考虑城乡之间的经济联系、社会联系和生态联系，通过优化资源配置，实现城乡之间的互补和协同发展。在这一过程中，科学实用的村庄规划应注重基础设施的互联互通，如交通、水利、能源和信息网络，以缩小城乡差距，提高农村地区的可达性和吸引力。

其次，村庄规划需要以生态文明建设为指导，保护和利用好乡村的自然资源和文化遗产。这要求规划者在尊重自然和历史的基础上，合理布局生产、生活和生态空间，实现绿色发展。通过发展生态农业、乡村旅游等产业，既保护了乡村的生态环境，又为农民提供了新的收入来源，实现了经济发展与生态保护的双赢。

再次，科学实用的村庄规划必须以提高农民生活质量为核心。这涉及住房、教育、医疗、文化等公共服务设施的均衡配置，以及就业机会的创造。规划应充分考虑农民的实际需求，通过提供适宜的居住环境、优质的公共服务和充足的就业机会，提高农民的幸福感和获得感。

最后，村庄规划还应以创新为动力，鼓励和支持乡村创新创业。通过引入新技术、新业态和新模式，激发乡村发展的内生动力，促进产业升级和结构优化。同时，规划还应注重培养和吸引人才，为乡村发展提供智力支持。

综上所述，面向城乡融合的时代要求，制定科学实用的村庄规划是一项系统工程，它需要在理念上体现城乡融合的深远意义，充分听取各方意见，特别是农民的意愿和

① 参见《中共中央 国务院关于建立国土空间规划体系并监督实施的若干意见》。

需求。在实践中展现规划的科学性和实用性。通过这样的规划，我们不仅能够促进城乡之间的和谐发展，还能够为实现乡村振兴和可持续发展提供坚实的基础。

二、面向生成式人工智能的村庄数智规划

面向生成式人工智能（AI）的村庄数智规划，标志着传统乡村规划向智能化、数字化转型的重要一步。这一转型不仅提升了规划的效率和质量，还为乡村可持续发展提供了新的解决方案。在这一过程中，AI 的应用成为核心，它通过深度学习和大数据分析，为规划者提供了前所未有的工具和视角。

AI 通过图像识别和自然语言处理能力，能够将设计师的创意和规划理念快速转化为可视化的图像，极大地提高了规划的直观性和沟通效率。这种技术的应用，使得规划师能够更准确地把握乡村特色，创造出既符合现代审美又具有地方特色的规划方案。

AI 在环境设计中的应用，如智能规划与布局、智能景观设计等，通过模拟仿真等手段，帮助设计师进行空间规划和用地布局，辅助设计师做出科学决策。这不仅提高了规划的科学性，还增强了规划的适应性和灵活性，使其能够更好地应对未来的变化。

数字化手段的应用，如湖南省村庄规划系列软件，为村庄规划提供了“智慧助手”，解决了现行村庄规划中存在的诸多问题，提升了规划编制质量和后续实施管理效率。这种数字化转型，使得规划过程更加透明，数据更加准确，为乡村的精细化管理提供了可能。AI 技术在统计表与图方面的应用，通过自动化处理，提高了工作效率，减少了人为错误，确保了规划数据的准确性和可靠性。这种技术的应用，不仅提升了规划的专业性，也为乡村规划的实施提供了坚实的数据支撑。

总之，面向生成式人工智能 AI 的村庄数智规划，不仅是技术层面的革新，更是对乡村规划理念的一次深刻反思。它要求我们重新审视乡村的价值，探索如何利用现代科技保护和传承乡村文化，同时促进乡村经济的发展。

三、面向共同富裕的村庄规划

面向共同富裕的村庄规划，是一项旨在缩小城乡差距、促进区域均衡发展的战略举措。它不仅是对传统村庄规划的延续，更是对乡村发展模式的一次深刻革新。在这一规划中，共同富裕不仅是目标，也是衡量规划成效的核心标准。

首先，共同富裕要求我们重新审视乡村的价值和潜力。在全球化和城市化的背景下，乡村不应被视为边缘地带，而是国家发展的重要基石。因此，规划必须以提升乡村整体竞争力为出发点，通过优化资源配置、加强基础设施建设、发展特色产业等手段，激发乡村的内生动力，实现经济、社会、文化的全面振兴。

其次，规划必须以人民为中心，确保发展成果惠及每一位村民。这意味着在规划的过程中，要充分听取农民的意见，保障他们的参与权和决策权。通过提供高质量的教育、医疗、文化等公共服务，提高村民的生活质量，增强他们的获得感和幸福感。

再次，共同富裕的村庄规划强调可持续发展。在推动经济发展的同时，必须保护好乡村的生态环境，实现绿色发展。这要求我们在规划中融入生态保护的理念，通过发展生态农业、乡村旅游等产业，实现经济发展与生态保护的双赢。规划还必须考虑

城乡融合，通过加强城乡之间的联系和互动，促进资源和要素的双向流动。这不仅有助于缓解城市压力，也为乡村发展提供了新的动力。通过城乡融合，可以实现产业互补、文化互鉴，推动形成更加均衡、协调的区域发展格局。

最后，共同富裕的村庄规划需要制度创新和政策支持。这包括建立公平合理的土地制度、财政制度、社会保障制度等，为乡村发展提供稳定的制度保障。同时，政府应通过政策引导，鼓励社会资本投入乡村建设，形成政府、市场、社会共同参与的多元治理格局。

面向共同富裕的村庄规划是一项复杂的系统工程，它要求我们在战略层面进行深入思考，在操作层面进行精细设计。通过这样的规划，我们不仅能够实现乡村的全面振兴，还能够推动形成更加公平、更加和谐的社会。这是一项关乎国家未来、关乎人民福祉的伟大事业，值得我们全力以赴。

— 本章小结 —

本章围绕“村庄规划的平衡”和“村庄规划的未来面向”两个维度进行了理论思考。在“三区三线”“全域土地综合整治”“点状供地”“庭院经济”等措施共同构成的刚性管控和弹性激励的政策，共同构成了村庄规划中既激励又严控、既保护又开发的总体格局。乡村规划在保持各种动态平衡下，因时而变、因势而变。

— 关键术语 —

严控　激励　平衡

— 复习思考题 —

1. 严控和激励在村庄规划中有哪些体现？
2. 简述人工智能（AI）背景下村庄数智规划的机遇与挑战。

参考文献

[1] 田志强，吕晓，田小平，等．市县国土空间规划编制理论方法与实践［M］．北京：科学出版社，2019.

[2] 安国辉，等．村庄规划教程［M］．2 版．北京：科学出版社，2016.

[3] 陈芳惠．村落地理学［M］．台北：五南图书出版公司，1984.

[4] 温锋华．中国村庄规划理论与实践［M］．北京：社会科学文献出版社，2017.

[5] 费孝通．乡土中国［M］．北京：北京大学出版社，2012.

[6] 约翰·冯·杜能．孤立国同农业和国民经济的关系［M］．吴衡康，译．北京：商务印书馆，1986.

[7] 朱启臻．乡村价值再发现［M］．南昌：江西教育出版社，2022.

[8] 蔡定剑．民主是一种现代生活［M］．北京：社会科学文献出版社，2010.

[9] 温锋华．中国村庄规划理论与实践［M］．北京：社会科学文献出版社，2017.

[10] 郝庆，杨帆．为推进中国式现代化提供国土空间保障——写在专辑刊发之后的话［J］．自然资源学报，2022（11）：3033-3036.

[11] 蔡之兵．中国式现代化引领国土空间格局优化的理论逻辑、现实挑战与政策方向［J］．生态经济，2023（5）：13-18.

[12] 朱孟珏，周家军，邓神志．村庄规划与相关规划衔接的主要问题及对策——以从化市村庄规划为例［J］．城市规划学刊，2014（z1）：59-63.

[13] 罗海珑．乡村振兴战略下的浙江美丽乡村规划建设策略研究［D］．杭州：浙江大学，2020.

[14] 何君，冯剑．中国农业发展阶段特征及政策选择——国际农业发展“四阶段论”视角下的比较分析［J］．中国农学通报，2010（19）：439-444.

[15] 谭海燕．日本农村振兴运动对我国新农村建设的启示［J］．安徽农业大学学报（社会科学版），2014（5）：25-28，92.

[16] 胡世前，毛雪雯．治理理论视角看韩国新村运动［J］．甘肃行政学院学报，2011（1）：22-31，118.

［17］刘健哲，农村再生与农村永续发展［J］．台湾农业探索，2010（1）：1-7.

［18］冷炳荣，易峥，钱紫华．国外城乡统筹规划经验及启示［J］．规划师，2014（11）：121-126.

［19］陈磊，曲文俏．解读日本的造村运动［J］．当代亚太，2006（6）：29-35.

［20］韩道铉，田杨．韩国新村运动带动乡村振兴及经验启示［J］．南京农业大学学报（社会科学版），2019（4）：20-27，156.

［21］陈绪冬，陈眉舞，潘春燕．乡村地区再生的复合型规划编制框架与案例——从系统管控到空间行动［J］．规划师，2016（3）：94-100.

［22］张沛，张中华，孙海军．城乡一体化研究的国际进展及典型国家发展经验［J］．国际城市规划，2014（1）：42-49.

［23］马志和，马志强，戴健，等．“中心地理论”与城市体育设施的空间布局研究［J］．北京体育大学学报，2004（4）：445-447.

［24］宇林军，孙大帅，张定祥，等．基于农户调研的中国农村居民点空心化程度研究［J］．地理科学，2016（7）：1043-1049.

［25］王斯达．基于GIS的中心地理论在新农村建设当中的应用——以云南省安宁市为例［J］．测绘与空间地理信息，2012（11）：152-154.

［26］肖作鹏，柴彦威，张艳．国内外生活圈规划研究与规划实践进展述评［J］．规划师，2014（10）：89-95.

［27］黄明华，吕仁玮，王奕松，等．“生活圈”之辩——基于“以人为本”理念的生活圈设施配置探讨［J］．规划师，2020（22）：79-85.

［28］周鑫鑫，王培震，杨帆，等．生活圈理论视角下的村庄布局规划思路与实践［J］．规划师，2016（4）：114-119.

［29］张能，张绍风，武廷海．“生活圈”视角下的村庄布点规划研究——以江苏金坛市为例［J］．乡村规划建设，2013（1）：75-84.

［30］葛丹东，梁浩扬，童磊，等．社区化导向下衢州芳村乡村生活圈营建研究［J］．现代城市研究，2021（10）：30-35.

［31］龙花楼，张杏娜．新世纪以来乡村地理学国际研究进展及启示［J］．经济地理，2012（8）：1-7，135.

［32］李红波，张小林．乡村性研究综述与展望［J］．人文地理，2015（1）：16-20，142.

［33］贺瑜，刘扬，周海林．基于演化认知的乡村性研究［J］．中国人口·资源与环境，2021（10）：158-166.

［34］徐勇．“根”与“飘”：城乡中国的失衡与均衡［J］．武汉大学学报（人文科学版），2016（4）：5-8.

［35］白永秀，王颂吉．马克思主义城乡关系理论与中国城乡发展一体化探索［J］．当代经济研究，2014（2）：22-27.

［36］刘先江．马克思恩格斯城乡融合理论及其在中国的应用与发展［J］．社会主义研究，2013（6）：36-40.

[37] 罗志刚．中国城乡关系政策的百年演变与未来展望［J］．江汉论坛，2022（10）：12-18.
[38] 何威风，苏丽艳，杨凤姣，等．面向城乡融合发展的村庄规划承载内容和路径［J］．农村经济与科技，2022（13）：130-133.
[39] 骆虹莅．基于乡村多元价值的实用性村庄规划编制理念与思路重构［J］．农村经济与科技，2024（4）：59-62.
[40] 王俊程，胡红霞．中国乡村治理的理论阐释与现实建构［J］．重庆社会科学，2018（6）：34-42.
[41] 易仁利，谢撼澜．基层政府治理资源的支配模式与逻辑机理——基于“资源—支配”理论的乡村关系［J］．领导科学，2022（2）：98-102.
[42] 孔波．“三治融合”背景下村庄规划编制的应对研究［J］．城市建设理论研究（电子版），2023（33）：10-13.
[43] 王健，刘奎．论包容性村庄规划理念：融合管控与自治的治理［J］．中国土地科学，2022（8）：1-9.
[44] 王邵军．以高标准农田建设带动农业高质量发展［N］．光明日报，2023-04-10.
[45] 陈小龙，赵元凤，张海勃．大豆玉米带状复合种植模式与技术——以内蒙古为例［J］．中国农机化学报，2023（1）：48-52，64.
[46] 何龙斌．对西部地区承接国内产业转移热的几点思考［J］．现代经济探讨，2011（2）：61-64.
[47] 谭明智．严控与激励并存：土地增减挂钩的政策脉络及地方实施［J］．中国社会科学，2014（7）：125-142，207.
[48] 吴光芸，马明凯．创新扩散视域下土地增减挂钩政策的扩散诱因、路径和机制研究［J］．安徽师范大学学报（人文社会科学版），2021（5）：148-157.
[49] 董祚继，韦艳莹，任聪慧，等．面向乡村振兴的全域土地综合整治创新——公共价值创造与实现［J］．资源科学，2022（7）：1305-1315.
[50] 间海，张飞．全域土地综合整治视角下国土空间规划应对策略研究——以江苏省建湖县高作镇为例［J］．规划师，2021（7）：36-44.
[51] 艾玉红，董文，吴思，等．国土空间规划体系下村庄建设用地规模研究［J］．小城镇建设，2021（1）：24-31.
[52] 仪小梅，陈敏，顾文怡．全域土地综合整治项目生态修复效果评估体系初步构建［J］．上海国土资源，2022（4）：86-90，104.
[53] 胡一婧．关于开展乡村全域土地综合整治与生态修复助力乡村振兴的思考［J］．浙江国土资源，2020（12）：40-42.
[54] 杨忍，刘芮彤．农村全域土地综合整治与国土空间生态修复：衔接与融合［J］．现代城市研究，2021（3）：23-32.
[55] 刘恬，胡伟艳，杜晓华，等．基于村庄类型的全域土地综合整治研究［J］．中国土地科学，2021（5）：100-108.

[56] 何亚龙．国土空间规划下全域土地综合整治与生态修复——以陇西县农业空间为例 [J]．小城镇建设，2022 (8)：51-58.

[57] 赵守谅，周湘，陈婷婷，等．国土综合整治规划与村庄规划的衔接思路探讨 [J]．规划师，2021 (12)：23-28.

[58] 唐林楠，刘玉，潘瑜春，等．基于适宜性-规划-等级的村庄整治类型划分研究 [J]．农业机械学报，2022 (4)：218-227.

[59] 刘扬，吕佳．村庄规划视角下全域土地综合整治探讨 [J]．小城镇建设，2021 (1)：32-37.

[60] 宋依芸，何汇域，唐娟．国土空间规划体系下村庄规划与全域土地综合整治融合研究 [J]．农村经济与科技，2021 (17)：3-6.

[61] 李志熙，杜社妮，彭珂珊，等．浅析农村庭院经济 [J]．水土保持研究，2004 (3)：272-274.

[62] 华乐．国土空间规划体系下实用性村庄规划策略探讨 [J]．城乡规划，2021 (1)：69-81.

[63] 李裕瑞，卜长利，曹智，等．面向乡村振兴战略的村庄分类方法与实践 [J]．自然资源学报，2020 (2)：243-256.

[64] 刘洋．乡村振兴战略背景下城郊融合类村庄空间发展策略研究 [D]．北京：北京建筑大学，2020.

[65] 刘磊．中原地区传统村落历史演变研究 [D]．南京：南京林业大学，2017.

[66] 张艺．博罗县村庄规划实施问题及对策研究 [D]．广州：华南理工大学，2022.

[67] 顾仲阳．制定好实施好乡村建设规划（话说新农村）[N]．人民日报，2022-03-25.

[68] 张建波，余建忠，孔斌．浙江省村庄设计经验及典型手法 [J]．城市规划，2020 (S01)：47-56.

[69] 蒋治国，王骁，何旻．“多规合一”实用性村庄规划编制实践中的关键问题探讨——以四川省为例 [J]．城乡规划，2023 (4)：31-39.

[70] 艾媒数据中心．中国乡村旅游经济概况与消费者行为调查数据 [EB/OL]．(2023-06-03) [2024-06-23]．https://data.iimedia.cn/data-classification/theme/49160641.html.

[71] 刘敏．青岛历史文化名城价值评价与文化生态保护更新 [D]．重庆：重庆大学，2004.

[72] 黄震方，陆林，苏勤，等．新型城镇化背景下的乡村旅游发展——理论反思与困境突破 [J]．地理研究，2015 (8)：1409-1421.

[73] 农民日报．乡村运营中的八大警示 [EB/OL]．(2023-02-07) [2024-06-02]．https://szb.farmer.com.cn/2023/20230207/20230207_008/20230207_008_1.htm.

[74] Wilson A G. The Spatiality of Multifunctional Agriculture: A Human Geography Perspective [J]. Geoforum, 2009 (2): 269-280.

[75] Holling C S. Resilience and Stability of Ecological Systems [J] Annual Review of Ecology and Systematics, 1973 (4): 1-23.

后　记

2024年7月，党的二十届三中全会提出城乡融合发展是中国式现代化的必然要求，要全面提高城乡规划、建设、治理融合水平，促进城乡共同繁荣，这对乡村的发展、乡村与城市之间的关系提出了更高的要求。自2017年党的十九大报告中提出大力实施乡村振兴战略，2021年中央一号文件中提出设立脱贫攻坚同乡村振兴有效衔接的5年过渡期之后，又有一系列的政策文件发布，可见党中央和国家对乡村的振兴发展从未止步，同时背后也隐含着“家国一体”观念的新发展。换言之，城市与乡村关系的历史变革与发展在一定程度上就是国家与乡村关系的平衡，而随着一系列政策的落实，国家与乡村的关系得到了新的平衡，村庄规划也因此得到了新的发展。

本书围绕国家与乡村关系的视角，基于理论知识论述和规划案例解读，提出了村庄规划的核心范畴、平衡体系等新概念与新观点。基于多功能、多价值的乡村发展理念，从重视“国家-乡村”的关系视角出发，揭示村庄规划背后的理论与现实逻辑，构建出多规合一实用性村庄规划系统化的知识结构。理论知识和实践案例融合，注重村庄规划实践和理论的互补教学。

本书尝试性地提出“村庄规划的平衡体系”，将村庄规划与家国关系深度融合，探究村庄规划面对当下的时代发展需求，详细阐释了当下既激励又严控、既保护又开发的政策格局，回答了“村庄到底需要什么样的规划以及如何规划”的重要问题。经过团队多年的实践检验，以规划范畴及其平衡能够比较容易理解村庄规划的本质和要义，为我们更深入地理解“国家与村庄”“资源保护与村庄发展”等乡村规划理论维度提供了新的分析视角。

附录 1

中共中央关于进一步全面深化改革，推进中国式现代化的决定（节选）

（2024 年 7 月 18 日中国共产党第二十届中央委员会第三次全体会议通过）

六、完善城乡融合发展体制机制

城乡融合发展是中国式现代化的必然要求。必须统筹新型工业化、新型城镇化和乡村全面振兴，全面提高城乡规划、建设、治理融合水平，促进城乡要素平等交换、双向流动，缩小城乡差别，促进城乡共同繁荣发展。

（20）健全推进新型城镇化体制机制。构建产业升级、人口集聚、城镇发展良性互动机制。推行由常住地登记户口提供基本公共服务制度，推动符合条件的农业转移人口社会保险、住房保障、随迁子女义务教育等享有同迁入地户籍人口同等权利，加快农业转移人口市民化。保障进城落户农民合法土地权益，依法维护进城落户农民的土地承包权、宅基地使用权、集体收益分配权，探索建立自愿有偿退出的办法。

坚持人民城市人民建、人民城市为人民。健全城市规划体系，引导大中小城市和小城镇协调发展、集约紧凑布局。深化城市建设、运营、治理体制改革，加快转变城市发展方式。推动形成超大特大城市智慧高效治理新体系，建立都市圈同城化发展体制机制。深化赋予特大镇同人口和经济规模相适应的经济社会管理权改革。建立可持续的城市更新模式和政策法规，加强地下综合管廊建设和老旧管线改造升级，深化城市安全韧性提升行动。

（21）巩固和完善农村基本经营制度。有序推进第二轮土地承包到期后再延长三十年试点，深化承包地所有权、承包权、经营权分置改革，发展农业适度规模经营。完善农业经营体系，完善承包地经营权流转价格形成机制，促进农民合作经营，推动新型农业经营主体扶持政策同带动农户增收挂钩。健全便捷高效的农业社会化服务体系。发展新型农村集体经济，构建产权明晰、分配合理的运行机制，赋予农民更加充分的财产权益。

（22）完善强农惠农富农支持制度。坚持农业农村优先发展，完善乡村振兴投入机制。壮大县域富民产业，构建多元化食物供给体系，培育乡村新产业新业态。优化农业补贴政策体系，发展多层次农业保险。完善覆盖农村人口的常态化防止返贫致贫机制，建立农村低收入人口和欠发达地区分层分类帮扶制度。健全脱贫攻坚国家投入形成资产的长效管理机制。运用"千万工程"经验，健全推动乡村全面振兴长效机制。

加快健全种粮农民收益保障机制，推动粮食等重要农产品价格保持在合理水平。统筹建立粮食产销区省际横向利益补偿机制，在主产区利益补偿上迈出实质步伐。统筹推进粮食购销和储备管理体制机制改革，建立监管新模式。健全粮食和食物节约长效机制。

（23）深化土地制度改革。改革完善耕地占补平衡制度，各类耕地占用纳入统一管理，完善补充耕地质量验收机制，确保达到平衡标准。完善高标准农田建设、验收、管护机制。健全保障耕地用于种植基本农作物管理体系。允许农户合法拥有的住房通过出租、入股、合作等方式盘活利用。有序推进农村集体经营性建设用地入市改革，健全土地增值收益分配机制。

优化土地管理，健全同宏观政策和区域发展高效衔接的土地管理制度，优先保障主导产业、重大项目合理用地，使优势地区有更大发展空间。建立新增城镇建设用地指标配置同常住人口增加协调机制。探索国家集中垦造耕地定向用于特定项目和地区落实占补平衡机制。优化城市工商业土地利用，加快发展建设用地二级市场，推动土地混合开发利用、用途合理转换，盘活存量土地和低效用地。开展各类产业园区用地专项治理。制定工商业用地使用权延期和到期后续期政策。

附录 2

完善城乡融合发展体制机制[①]

刘国中

习近平总书记指出："在现代化进程中，如何处理好工农关系、城乡关系，在一定程度上决定着现代化的成败。"党的二十届三中全会通过的《中共中央关于进一步全面深化改革、推进中国式现代化的决定》（以下简称《决定》），对完善城乡融合发展体制机制作出重要战略部署，必将对推进中国式现代化产生重大而深远影响。我们要认真学习领会、全面贯彻落实《决定》精神，抓紧完善体制机制，深入推进城乡融合发展。

一、深刻认识完善城乡融合发展体制机制的重大意义

党的十八大以来，以习近平同志为核心的党中央坚持把解决好"三农"问题作为全党工作的重中之重，全面打赢脱贫攻坚战，启动实施乡村振兴战略，城乡融合发展取得重大历史性成就。新时代新征程，完善城乡融合发展体制机制，推进乡村全面振兴，加快农业农村现代化，意义十分重大。

（一）完善城乡融合发展体制机制是补上农业农村短板、建设农业强国的现实选择。没有农业农村现代化，就没有整个国家现代化。长期以来，与快速推进的工业化、城镇化相比，我国农业农村发展步伐有差距，"一条腿长、一条腿短"问题比较突出，农业基础还不稳固，乡村人才、土地、资金等要素过多流向城市的格局尚未根本改变。推进中国式现代化，不能"一边是繁荣的城市、一边是凋敝的农村"。必须完善城乡融合发展体制机制，着力破除城乡二元结构，促进各类要素更多向乡村流动，让农业农村在现代化进程中不掉队、逐步赶上来。

（二）完善城乡融合发展体制机制是拓展现代化发展空间、推动高质量发展的迫切需要。当前，我国经济总体呈现增长较快、结构优化、质效向好的特征，但也面临有效需求不足、国内大循环不够顺畅等挑战。乡村既是巨大的消费市场，又是巨大的要

① 刘国中．完善城乡融合发展体制机制［J］．农村工作通讯，2024（16）：4-6.

素市场，扩大国内需求，农村有巨大空间，可以大有作为。畅通工农城乡循环，是畅通国内经济大循环、增强我国经济韧性和战略纵深的重要方面，几亿农民同步迈向全面现代化，会释放巨大的创造动能和消费潜能，为经济社会发展注入强大动力。必须完善城乡融合发展体制机制，释放我国超大规模市场需求，形成需求牵引供给、供给创造需求的良性发展格局，为构建新发展格局、推动高质量发展提供强劲动力。

（三）完善城乡融合发展体制机制是满足人民对美好生活的向往、促进共同富裕的内在要求。促进共同富裕，最艰巨最繁重的任务仍然在农村，关键是缩小城乡居民收入和生活水平差距。近年来，我国农村居民人均可支配收入保持稳步增长，城乡居民收入比逐步缩小，由2013年的2.81∶1下降到2023年的2.39∶1，但城乡居民收入的绝对差距仍然不小，农民增收难度较大。必须完善城乡融合发展体制机制，解放和发展农村社会生产力，拓展农民增收致富渠道，推动城乡基本公共服务均等化，让农村逐步具备现代化生活条件，让农民过上更加富裕美好的生活。

二、科学把握完善城乡融合发展体制机制的基本遵循

城乡融合发展是中国式现代化的必然要求，目标是促进城乡要素平等交换、双向流动，缩小城乡差别，促进城乡共同繁荣发展。要完整、准确、全面领会《决定》的部署要求，遵循客观规律，把握重大原则，确保改革始终沿着正确的方向推进。

（一）坚持以人民为中心的发展思想，着力解决群众最关心最直接最现实的利益问题。完善城乡融合发展体制机制，出发点和落脚点是让人民生活越过越好。要尊重群众意愿，维护群众权益，把“政府想做的”和“群众想要的”有机统一起来，把群众满不满意、答不答应作为检验工作成效的根本标准，不断增强人民群众特别是广大农民的获得感、幸福感、安全感。要从群众殷切期盼中找准工作的切入点和突破口，全心全意补齐民生短板、办好民生实事。要充分发挥农民主体作用和首创精神，调动亿万农民积极性、主动性、创造性，让广大农民共建共享城乡融合发展成果。

（二）坚持农业农村优先发展，强化以工补农、以城带乡、协调发展。农业占国内生产总值的比重、农村居民占总人口的比重不断下降，是现代化进程中经济发展的必然趋势，但这并不改变农业是国民经济基础产业和战略产业的重要地位。在推进中国式现代化进程中，要切实把农业农村发展摆上优先位置，统筹新型工业化、新型城镇化和乡村全面振兴，以更有力的政策举措引导人才、资金、技术、信息等要素向农业农村流动，加快形成工农互促、城乡互补、协调发展、共同繁荣的新型工农城乡关系，开启城乡融合发展和现代化建设新局面。

（三）坚持把县域作为重要切入点，率先在县域内破除城乡二元体制机制。县域具有城乡联系紧密、地域范围适中、文化同质性强等特点，最有条件率先实现城乡融合发展。完善城乡融合发展体制机制，要注重发挥县城连接城市、服务乡村作用，提升县城综合承载能力，发挥县城对人口和产业的吸纳集聚能力、对县域经济发展的辐射带动作用。要坚持把县乡村作为一个整体统筹谋划，促进城乡在规划布局、产业发展、公共服务、生态保护等方面相互融合和共同发展，实现县乡村功能衔接互补、资源要素优化配置。

（四）坚持稳中求进、守正创新、先立后破、系统集成，把握好工作的时度效。完

善城乡融合发展体制机制，既要遵循普遍规律、又不能墨守成规，既要借鉴国际先进经验、又不能照抄照搬。要从我国国情出发，科学把握发展阶段特征和区域特色，充分考虑不同乡村自然条件、区位特征、资源优势、文化传统等因素差异，因地制宜、精准施策，探索符合实际、各具特色的城乡融合发展模式路径。要保持历史耐心，顺应自然规律、经济规律、社会发展规律，稳妥把握改革时序、节奏和步骤。

三、深入落实完善城乡融合发展体制机制的各项任务

完善城乡融合发展体制机制，是一项关系全局、关乎长远的重大任务，将贯穿推进中国式现代化全过程。贯彻落实《决定》部署要求，需要聚焦重点、聚合力量，采取更加务实的措施办法，确保改革有力有效推进。

（一）健全推进新型城镇化体制机制。城镇化是现代化的必由之路。2023 年末，我国常住人口城镇化率为 66.16%，户籍人口城镇化率比常住人口城镇化率低近 18 个百分点，涉及 2.5 亿多人，其中绝大多数是农村流动人口，推进新型城镇化建设还有很大潜力。加快农业转移人口市民化。深化户籍制度改革，放开放宽除个别超大城市外的落户限制，因地制宜促进农业转移人口举家进城落户。建立新增城镇建设用地指标配置同常住人口增加协调机制，健全由政府、企业、个人共同参与的农业转移人口市民化成本分担机制。依法维护进城落户农民的土地承包权、宅基地使用权、集体收益分配权，探索建立自愿有偿退出的办法，消除进城落户农民后顾之忧。推行由常住地登记户口提供基本公共服务制度。按照常住人口规模和服务半径统筹优化基本公共服务设施布局，稳步提高基本公共服务保障能力和水平，推动符合条件的农业转移人口社会保险、住房保障、随迁子女义务教育等享有同迁入地户籍人口同等权利，加快农业转移人口市民化。推进县域城乡公共服务一体配置，提升县城市政公用设施建设水平和基本公共服务功能，提高乡村基础设施完备度、公共服务便利度、人居环境舒适度。优化城镇化空间布局和形态。健全城市规划体系，引导大中小城市和小城镇协调发展、集约紧凑布局。加快转变城市发展方式，推动形成超大特大城市智慧高效治理新体系。深化赋予特大镇同人口和经济规模相适应的经济社会管理权改革。建立可持续的城市更新模式和政策法规，深化城市安全韧性提升行动。

（二）巩固和完善农村基本经营制度。农村基本经营制度是党的农村政策的基石。实践证明，农村基本经营制度符合生产力发展规律，顺应广大农民需求，是一项符合我国国情农情的制度安排，必须始终坚持、毫不动摇。深化承包地所有权、承包权、经营权分置改革。有序推进第二轮土地承包到期后再延长 30 年试点，坚持“大稳定、小调整”，确保绝大多数农户原有承包地继续保持稳定。稳定农村土地承包关系，健全承包地集体所有权行使机制。完善农业经营体系。发展农业适度规模经营，完善承包地经营权流转价格形成机制，促进农民合作经营。推进新型农业经营主体提质增效，推动新型农业经营主体扶持政策同带动农户增收挂钩。健全便捷高效的农业社会化服务体系，创新组织形式和服务模式，扩展服务领域和辐射范围。发展新型农村集体经济。强化农村集体经济组织管理集体资产、开发集体资源、发展集体经济、服务集体成员等功能作用，构建产权明晰、分配合理的运行机制，赋予农民更加充分的财产权益。因地制宜探索资源发包、物业出租、居间服务、经营性财产参股等多样化途径发

展新型农村集体经济，提高集体经济收入，带动农民增收。

（三）完善强农惠农富农支持制度。当前，农业基础还比较薄弱，农村发展仍然滞后，必须不断加大强农惠农富农政策力度，确保人力投入、物力配置、财力保障等与乡村振兴目标任务相适应。加快健全种粮农民收益保障机制。全方位夯实粮食安全根基，推动粮食等重要农产品价格保持在合理水平，保障粮食等重要农产品稳定安全供给。统筹建立粮食产销区省际横向利益补偿机制，在主产区利益补偿上迈出实质步伐。统筹推进粮食购销和储备管理体制机制改革，建立监管新模式。优化农业补贴政策体系。坚持将农业农村作为一般公共预算优先保障领域，创新乡村振兴投融资机制。从价格、补贴、保险等方面强化农业支持保护政策，进一步提高政策精准性和有效性。发展多层次农业保险，健全政策性保险、商业性保险等农业保险产品体系，推动农业保险扩面、增品、提标，更好满足各类农业经营主体多元化保险需求。完善覆盖农村人口的常态化防止返贫致贫机制。推动防止返贫帮扶政策与农村低收入人口常态化帮扶政策衔接并轨，建立农村低收入人口和欠发达地区分层分类帮扶制度。建立以提升发展能力为导向的欠发达地区帮扶机制，促进跨区域经济合作和融合发展。加强涉农资金项目监管，健全脱贫攻坚国家投入形成资产的长效管理机制。引导生产要素向乡村流动。壮大县域富民产业，构建多元化食物供给体系，培育乡村新产业新业态。引导金融机构把更多金融资源配置到农村经济社会发展的重点领域和薄弱环节，强化对信贷业务以县域为主的金融机构货币政策精准支持。实施乡村振兴人才支持计划，有序引导城市各类专业技术人才下乡服务。运用“千万工程”经验，健全推动乡村全面振兴长效机制。

（四）深化土地制度改革。土地是发展的重要资源，人多地少是我国的基本国情。完善城乡融合发展体制机制，必须毫不动摇坚持最严格的耕地保护制度和节约集约用地制度，优化土地利用结构，提高土地利用效率。严格保护耕地。健全耕地数量、质量、生态“三位一体”保护制度体系，改革完善耕地占补平衡制度，各类耕地占用纳入统一管理，完善补充耕地质量验收机制，确保达到平衡标准，坚决守住耕地红线。加大高标准农田投入和管护力度，提高建设质量和标准，完善高标准农田建设、验收、管理机制，确保建一块、成一块。健全保障耕地用于种植基本农作物管理体系，优先保障粮食等重要农产品生产。盘活闲置土地资源。允许农户合法拥有的住房通过出租、入股、合作等方式盘活利用。有序推进农村集体经营性建设用地入市改革，健全土地增值收益分配机制。优化土地管理。健全同宏观政策和区域发展高效衔接的土地管理制度，提高土地要素配置精准性和利用效率，优先保障主导产业、重大项目合理用地。优化城市工商业土地利用，加快发展建设用地二级市场，推动土地混合开发利用、用途合理转换，盘活存量土地和低效用地。

附录 3

自然资源部办公厅关于加强村庄规划促进乡村振兴的通知

各省、自治区、直辖市自然资源主管部门，新疆生产建设兵团自然资源主管部门：

为促进乡村振兴战略深入实施，根据《中共中央 国务院关于建立国土空间规划体系并监督实施的若干意见》和《中共中央 国务院关于坚持农业农村优先发展做好“三农”工作的若干意见》等文件精神，现就做好村庄规划工作通知如下：

一、总体要求

（一）规划定位。村庄规划是法定规划，是国土空间规划体系中乡村地区的详细规划，是开展国土空间开发保护活动、实施国土空间用途管制、核发乡村建设项目规划许可、进行各项建设等的法定依据。要整合村土地利用规划、村庄建设规划等乡村规划，实现土地利用规划、城乡规划等有机融合，编制“多规合一”的实用性村庄规划。村庄规划范围为村域全部国土空间，可以一个或几个行政村为单元编制。

（二）工作原则。坚持先规划后建设，通盘考虑土地利用、产业发展、居民点布局、人居环境整治、生态保护和历史文化传承。坚持农民主体地位，尊重村民意愿，反映村民诉求。坚持节约优先、保护优先，实现绿色发展和高质量发展。坚持因地制宜、突出地域特色，防止乡村建设“千村一面”。坚持有序推进、务实规划，防止一哄而上，片面追求村庄规划快速全覆盖。

（三）工作目标。力争到 2020 年底，结合国土空间规划编制在县域层面基本完成村庄布局工作，有条件、有需求的村庄应编尽编。暂时没有条件编制村庄规划的，应在县、乡镇国土空间规划中明确村庄国土空间用途管制规则和建设管控要求，作为实施国土空间用途管制、核发乡村建设项目规划许可的依据。对已经编制的原村庄规划、村土地利用规划，经评估符合要求的，可不再另行编制；需补充完善的，完善后再行报批。

二、主要任务

（四）统筹村庄发展目标。落实上位规划要求，充分考虑人口资源环境条件和经济社会发展、人居环境整治等要求，研究制定村庄发展、国土空间开发保护、人居环境整治目标，明确各项约束性指标。

（五）统筹生态保护修复。落实生态保护红线划定成果，明确森林、河湖、草原等生态空间，尽可能多的保留乡村原有的地貌、自然形态等，系统保护好乡村自然风光和田园景观。加强生态环境系统修复和整治，慎砍树、禁挖山、不填湖，优化乡村水系、林网、绿道等生态空间格局。

（六）统筹耕地和永久基本农田保护。落实永久基本农田和永久基本农田储备区划定成果，落实补充耕地任务，守好耕地红线。统筹安排农、林、牧、副、渔等农业发展空间，推动循环农业、生态农业发展。完善农田水利配套设施布局，保障设施农业和农业产业园发展合理空间，促进农业转型升级。

（七）统筹历史文化传承与保护。深入挖掘乡村历史文化资源，划定乡村历史文化保护线，提出历史文化景观整体保护措施，保护好历史遗存的真实性。防止大拆大建，做到应保尽保。加强各类建设的风貌规划和引导，保护好村庄的特色风貌。

（八）统筹基础设施和基本公共服务设施布局。在县域、乡镇域范围内统筹考虑村庄发展布局以及基础设施和公共服务设施用地布局，规划建立全域覆盖、普惠共享、城乡一体的基础设施和公共服务设施网络。以安全、经济、方便群众使用为原则，因地制宜提出村域基础设施和公共服务设施的选址、规模、标准等要求。

（九）统筹产业发展空间。统筹城乡产业发展，优化城乡产业用地布局，引导工业向城镇产业空间集聚，合理保障农村新产业新业态发展用地，明确产业用地用途、强度等要求。除少量必需的农产品生产加工外，一般不在农村地区安排新增工业用地。

（十）统筹农村住房布局。按照上位规划确定的农村居民点布局和建设用地管控要求，合理确定宅基地规模，划定宅基地建设范围，严格落实“一户一宅”。充分考虑当地建筑文化特色和居民生活习惯，因地制宜提出住宅的规划设计要求。

（十一）统筹村庄安全和防灾减灾。分析村域内地质灾害、洪涝等隐患，划定灾害影响范围和安全防护范围，提出综合防灾减灾的目标以及预防和应对各类灾害危害的措施。

（十二）明确规划近期实施项目。研究提出近期急需推进的生态修复整治、农田整理、补充耕地、产业发展、基础设施和公共服务设施建设、人居环境整治、历史文化保护等项目，明确资金规模及筹措方式、建设主体和方式等。

三、政策支持

（十三）优化调整用地布局。允许在不改变县级国土空间规划主要控制指标情况下，优化调整村庄各类用地布局。涉及永久基本农田和生态保护红线调整的，严格按国家有关规定执行，调整结果依法落实到村庄规划中。

（十四）探索规划“留白”机制。各地可在乡镇国土空间规划和村庄规划中预留不超过5%的建设用地机动指标，村民居住、农村公共公益设施、零星分散的乡村文旅设施及农村新产业新业态等用地可申请使用。对一时难以明确具体用途的建设用地，可暂不明确规划用地性质。建设项目规划审批时落地机动指标、明确规划用地性质，项目批准后更新数据库。机动指标使用不得占用永久基本农田和生态保护红线。

四、编制要求

（十五）强化村民主体和村党组织、村民委员会主导。乡镇政府应引导村党组织和村民委员会认真研究审议村庄规划并动员、组织村民以主人翁的态度，在调研访谈、方案比选、公告公示等各个环节积极参与村庄规划编制，协商确定规划内容。村庄规划在报送审批前应在村内公示30日，报送审批时应附村民委员会审议意见和村民会议或村民代表会议讨论通过的决议。村民委员会要将规划主要内容纳入村规民约。

（十六）开门编规划。综合应用各有关单位、行业已有工作基础，鼓励引导大专院校和规划设计机构下乡提供志愿服务、规划师下乡蹲点，建立驻村、驻镇规划师制度。激励引导熟悉当地情况的乡贤、能人积极参与村庄规划编制。支持投资乡村建设的企业积极参与村庄规划工作，探索规划、建设、运营一体化。

（十七）因地制宜，分类编制。根据村庄定位和国土空间开发保护的实际需要，编制能用、管用、好用的实用性村庄规划。要抓住主要问题，聚焦重点，内容深度详略得当，不贪大求全。对于重点发展或需要进行较多开发建设、修复整治的村庄，编制实用的综合性规划。对于不进行开发建设或只进行简单的人居环境整治的村庄，可只规定国土空间用途管制规则、建设管控和人居环境整治要求作为村庄规划。对于综合性的村庄规划，可以分步编制，分步报批，先编制近期急需的人居环境整治等内容，后期逐步补充完善。对于紧邻城镇开发边界的村庄，可与城镇开发边界内的城镇建设用地统一编制详细规划。各地可结合实际，合理划分村庄类型，探索符合地方实际的规划方法。

（十八）简明成果表达。规划成果要吸引人、看得懂、记得住，能落地、好监督，鼓励采用“前图后则”（即规划图表+管制规则）的成果表达形式。规划批准之日起20个工作日内，规划成果应通过“上墙、上网”等多种方式公开，30个工作日内，规划成果逐级汇交至省级自然资源主管部门，叠加到国土空间规划“一张图”上。

五、组织实施

（十九）加强组织领导。村庄规划由乡镇政府组织编制，报上一级政府审批。地方各级党委政府要强化对村庄规划工作的领导，建立政府领导、自然资源主管部门牵头、多部门协同、村民参与、专业力量支撑的工作机制，充分保障规划工作经费。自然资源部门要做好技术指导、业务培训、基础数据和资料提供等工作，推动测绘“一村一图”“一乡一图”，构建“多规合一”的村庄规划数字化管理系统。

（二十）严格用途管制。村庄规划一经批准，必须严格执行。乡村建设等各类空间开发建设活动，必须按照法定村庄规划实施乡村建设规划许可管理。确需占用农用地的，应统筹农用地转用审批和规划许可，减少申请环节，优化办理流程。确需修改规划的，严格按程序报原规划审批机关批准。

（二十一）加强监督检查。市、县自然资源主管部门要加强评估和监督检查，及时研究规划实施中的新情况，做好规划的动态完善。国家自然资源督察机构要加强对村庄规划编制和实施的督察，及时制止和纠正违反本意见的行为。鼓励各地探索研究村民自治监督机制，实施村民对规划编制、审批、实施全过程监督。

各省（区、市）可按照本意见要求，制定符合地方实际的技术标准、规范和管理要求，及时总结经验，适时开展典型案例宣传和经验交流，共同做好新时代的村庄规划编制和实施管理工作。

自然资源部办公厅

2019 年 5 月 29 日

附录 4

中共中央国务院关于建立国土空间规划体系并监督实施的若干意见

2019 年 5 月 9 日

国土空间规划是国家空间发展的指南、可持续发展的空间蓝图，是各类开发保护建设活动的基本依据。建立国土空间规划体系并监督实施，将主体功能区规划、土地利用规划、城乡规划等空间规划融合为统一的国土空间规划，实现“多规合一”，强化国土空间规划对各专项规划的指导约束作用，是党中央、国务院作出的重大部署。为建立国土空间规划体系并监督实施，现提出如下意见。

一、重大意义

各级各类空间规划在支撑城镇化快速发展、促进国土空间合理利用和有效保护方面发挥了积极作用，但也存在规划类型过多、内容重叠冲突，审批流程复杂、周期过长，地方规划朝令夕改等问题。建立全国统一、责权清晰、科学高效的国土空间规划体系，整体谋划新时代国土空间开发保护格局，综合考虑人口分布、经济布局、国土利用、生态环境保护等因素，科学布局生产空间、生活空间、生态空间，是加快形成绿色生产方式和生活方式、推进生态文明建设、建设美丽中国的关键举措，是坚持以人民为中心、实现高质量发展和高品质生活、建设美好家园的重要手段，是保障国家战略有效实施、促进国家治理体系和治理能力现代化、实现“两个一百年”奋斗目标和中华民族伟大复兴中国梦的必然要求。

二、总体要求

（一）指导思想。以习近平新时代中国特色社会主义思想为指导，全面贯彻党的十九大和十九届二中、三中全会精神，紧紧围绕统筹推进“五位一体”总体布局和协调推进“四个全面”战略布局，坚持新发展理念，坚持以人民为中心，坚持一切从实际出发，按照高质量发展要求，做好国土空间规划顶层设计，发挥国土空间规划在国家规划体系中的基础性作用，为国家发展规划落地实施提供空间保障。健全国土空间开发保护制度，体现战略性、提高科学性、强化权威性、加强协调性、注重操作性，实现国土空间开发保护更高质量、更有效率、更加公平、更可持续。

（二）主要目标。到2020年，基本建立国土空间规划体系，逐步建立“多规合一”的规划编制审批体系、实施监督体系、法规政策体系和技术标准体系；基本完成市县以上各级国土空间总体规划编制，初步形成全国国土空间开发保护“一张图”。到2025年，健全国土空间规划法规政策和技术标准体系；全面实施国土空间监测预警和绩效考核机制；形成以国土空间规划为基础，以统一用途管制为手段的国土空间开发保护制度。到2035年，全面提升国土空间治理体系和治理能力现代化水平，基本形成生产空间集约高效、生活空间宜居适度、生态空间山清水秀，安全和谐、富有竞争力和可持续发展的国土空间格局。

三、总体框架

（三）分级分类建立国土空间规划。国土空间规划是对一定区域国土空间开发保护在空间和时间上作出的安排，包括总体规划、详细规划和相关专项规划。国家、省、市县编制国土空间总体规划，各地结合实际编制乡镇国土空间规划。相关专项规划是指在特定区域（流域）、特定领域，为体现特定功能，对空间开发保护利用作出的专门安排，是涉及空间利用的专项规划。国土空间总体规划是详细规划的依据、相关专项规划的基础；相关专项规划要相互协同，并与详细规划做好衔接。

（四）明确各级国土空间总体规划编制重点。全国国土空间规划是对全国国土空间作出的全局安排，是全国国土空间保护、开发、利用、修复的政策和总纲，侧重战略性，由自然资源部会同相关部门组织编制，由党中央、国务院审定后印发。省级国土空间规划是对全国国土空间规划的落实，指导市县国土空间规划编制，侧重协调性，由省级政府组织编制，经同级人大常委会审第2页共4页议后报国务院审批。市县和乡镇国土空间规划是本级政府对上级国土空间规划要求的细化落实，是对本行政区域开发保护作出的具体安排，侧重实施性。需报国务院审批的城市国土空间总体规划，由市政府组织编制，经同级人大常委会审议后，由省级政府报国务院审批；其他市县及乡镇国土空间规划由省级政府根据当地实际，明确规划编制审批内容和程序要求。各地可因地制宜，将市县与乡镇国土空间规划合并编制，也可以几个乡镇为单元编制乡镇级国土空间规划。

（五）强化对专项规划的指导约束作用。海岸带、自然保护地等专项规划及跨行政区域或流域的国土空间规划，由所在区域或上一级自然资源主管部门牵头组织编制，报同级政府审批；涉及空间利用的某一领域专项规划，如交通、能源、水利、农业、信息、市政等基础设施，公共服务设施，军事设施，以及生态环境保护、文物保护、林业草原等专项规划，由相关主管部门组织编制。相关专项规划可在国家、省和市县层级编制，不同层级、不同地区的专项规划可结合实际选择编制的类型和精度。

（六）在市县及以下编制详细规划。详细规划是对具体地块用途和开发建设强度等作出的实施性安排，是开展国土空间开发保护活动、实施国土空间用途管制、核发城乡建设项目规划许可、进行各项建设等的法定依据。在城镇开发边界内的详细规划，由市县自然资源主管部门组织编制，报同级政府审批；在城镇开发边界外的乡村地区，以一个或几个行政村为单元，由乡镇政府组织编制“多规合一”的实用性村庄规划，作为详细规划，报上一级政府审批。

四、编制要求

（七）体现战略性。全面落实党中央、国务院重大决策部署，体现国家意志和国家发展规划的战略性，自上而下编制各级国土空间规划，对空间发展作出战略性系统性安排。落实国家安全战略、区域协调发展战略和主体功能区战略，明确空间发展目标，优化城镇化格局、农业生产格局、生态保护格局，确定空间发展策略，转变国土空间开发保护方式，提升国土空间开发保护质量和效率。

（八）提高科学性。坚持生态优先、绿色发展，尊重自然规律、经济规律、社会规律和城乡发展规律，因地制宜开展规划编制工作；坚持节约优先、保护优先、自然恢复为主的方针，在资源环境承载能力和国土空间开发适宜性评价的基础上，科学有序统筹布局生态、农业、城镇等功能空间，划定生态保护红线、永久基本农田、城镇开发边界等空间管控边界以及各类海域保护线，强化底线约束，为可持续发展预留空间。坚持山水林田湖草生命共同体理念，加强生态环境分区管治，量水而行，保护生态屏障，构建生态廊道和生态网络，推进生态系统保护和修复，依法开展环境影响评价。坚持陆海统筹、区域协调、城乡融合，优化国土空间结构和布局，统筹地上地下空间综合利用，着力完善交通、水利等基础设施和公共服务设施，延续历史文脉，加强风貌管控，突出地域特色。坚持上下结合、社会协同，完善公众参与制度，发挥不同领域专家的作用。运用城市设计、乡村营造、大数据等手段，改进规划方法，提高规划编制水平。

（九）加强协调性。强化国家发展规划的统领作用，强化国土空间规划的基础作用。国土空间总体规划要统筹和综合平衡各相关专项领域的空间需求。详细规划要依据批准的国土空间总体规划进行编制和修改。相关专项规划要遵循国土空间总体规划，不得违背总体规划强制性内容，其主要内容要纳入详细规划。

（十）注重操作性。按照谁组织编制、谁负责实施的原则，明确各级各类国土空间规划编制和管理的要点。明确规划约束性指标和刚性管控要求，同时提出指导性要求。制定实施规划的政策措施，提出下级国土空间总体规划和相关专项规划、详细规划的分解落实要求，健全规划实施传导机制，确保规划能用、管用、好用。

五、实施与监管

（十一）强化规划权威。规划一经批复，任何部门和个人不得随意修改、违规变更，防止出现换一届党委和政府改一次规划。下级国土空间规划要服从上级国土空间规划，相关专项规划、详细规划要服从总体规划；坚持先规划、后实施，不得违反国土空间规划进行各类开发建设活动；第 3 页共 4 页坚持“多规合一”，不在国土空间规划体系之外另设其他空间规划。相关专项规划的有关技术标准应与国土空间规划衔接。因国家重大战略调整、重大项目建设或行政区划调整等确需修改规划的，须先经规划审批机关同意后，方可按法定程序进行修改。对国土空间规划编制和实施过程中的违规违纪违法行为，要严肃追究责任。

（十二）改进规划审批。按照谁审批、谁监管的原则，分级建立国土空间规划审查备案制度。精简规划审批内容，管什么就批什么，大幅缩减审批时间。减少需报国务院审批的城市数量，直辖市、计划单列市、省会城市及国务院指定城市的国土空间总体规划由国务院审批。相关专项规划在编制和审查过程中应加强与有关国土空间规划的衔接及“一张图”的核对，批复后纳入同级国土空间基础信息平台，叠加到国土空间规划“一张图”上。

（十三）健全用途管制制度。以国土空间规划为依据，对所有国土空间分区分类实施用途管制。在城镇开发边界内的建设，实行“详细规划＋规划许可”的管制方式；在城镇开发边界外的建设，按照主导用途分区，实行“详细规划＋规划许可”和“约束指标＋分区准入”的管制方式。对以国家公园为主体的自然保护地、重要海域和海岛、重要水源地、文物等实行特殊保护制度。因地制宜制定用途管制制度，为地方管理和创新活动留有空间。

（十四）监督规划实施。依托国土空间基础信息平台，建立健全国土空间规划动态监测评估预警和实施监管机制。上级自然资源主管部门要会同有关部门组织对下级国土空间规划中各类管控边界、约束性指标等管控要求的落实情况进行监督检查，将国土空间规划执行情况纳入自然资源执法督察内容。健全资源环境承载能力监测预警长效机制，建立国土空间规划定期评估制度，结合国民经济社会发展实际和规划定期评估结果，对国土空间规划进行动态调整完善。

（十五）推进“放管服”改革。以“多规合一”为基础，统筹规划、建设、管理三大环节，推动“多审合一”、“多证合一”。优化现行建设项目用地（海）预审、规划选址以及建设用地规划许可、建设工程规划许可等审批流程，提高审批效能和监管服务水平。

六、法规政策与技术保障

（十六）完善法规政策体系。研究制定国土空间开发保护法，加快国土空间规划相关法律法规建设。梳理与国土空间规划相关的现行法律法规和部门规章，对“多规合一”改革涉及突破现行法律法规规定的内容和条款，按程序报批，取得授权后施行，并做好过渡时期的法律法规衔接。完善适应主体功能区要求的配套政策，保障国土空间规划有效实施。

（十七）完善技术标准体系。按照“多规合一”要求，由自然资源部会同相关部门负责构建统一的国土空间规划技术标准体系，修订完善国土资源现状调查和国土空间规划用地分类标准，制定各级各类国土空间规划编制办法和技术规程。

（十八）完善国土空间基础信息平台。以自然资源调查监测数据为基础，采用国家统一的测绘基准和测绘系统，整合各类空间关联数据，建立全国统一的国土空间基础信息平台。以国土空间基础信息平台为底板，结合各级各类国土空间规划编制，同步完成县级以上国土空间基础信息平台建设，实现主体功能区战略和各类空间管控要素精准落地，逐步形成全国国土空间规划“一张图”，推进政府部门之间的数据共享以及政府与社会之间的信息交互。

七、工作要求

（十九）加强组织领导。各地区各部门要落实国家发展规划提出的国土空间开发保护要求，发挥国土空间规划体系在国土空间开发保护中的战略引领和刚性管控作用，统领各类空间利用，把每一寸土地都规划得清清楚楚。坚持底线思维，立足资源禀赋和环境承载能力，加快构建生态功能保障基线、环境质量安全底线、自然资源利用上线。严格执行规划，以钉钉子精神抓好贯彻落实，久久为功，做到一张蓝图干到底。地方各级党委和政府要充分认识建立国土空间规划体系的重大意义，主要负责人亲自抓，落实政府组织编制和实施国土空间规划的主体责任，明确责任分工，落实工作经费，加强队伍建设，加强监督考核，做好宣传教育。

（二十）落实工作责任。各地区各部门要加大对本行业本领域涉及空间布局相关规划的指导、第 4 页共 4 页协调和管理，制定有利于国土空间规划编制实施的政策，明确时间表和路线图，形成合力。组织、人事、审计等部门要研究将国土空间规划执行情况纳入领导干部自然资源资产离任审计，作为党政领导干部综合考核评价的重要参考。纪检监察机关要加强监督。发展改革、财政、金融、税务、自然资源、生态环境、住房城乡建设、农业农村等部门要研究制定完善主体功能区的配套政策。自然资源主管部门要会同相关部门加快推进国土空间规划立法工作。组织部门在对地方党委和政府主要负责人的教育培训中要注重提高其规划意识。教育部门要研究加强国土空间规划相关学科建设。自然资源部要强化统筹协调工作，切实负起责任，会同有关部门按照国土空间规划体系总体框架，不断完善制度设计，抓紧建立规划编制审批体系、实施监督体系、法规政策体系和技术标准体系，加强专业队伍建设和行业管理。自然资源部要定期对本意见贯彻落实情况进行监督检查，重大事项及时向党中央、国务院报告。

附录 5

自然资源部办公厅关于进一步做好村庄规划工作的意见

各省、自治区、直辖市自然资源主管部门，新疆生产建设兵团自然资源局：

为深入贯彻十九届五中全会精神，扎实推进乡村振兴战略实施，针对当前村庄规划工作中反映的一些问题，在《关于加强村庄规划促进乡村振兴的通知》基础上，进一步提出以下意见：

一、统筹城乡发展，有序推进村庄规划编制。在县、乡镇级国土空间规划中，统筹城镇和乡村发展，合理优化村庄布局。结合考虑县、乡镇级国土空间规划工作节奏，根据不同类型村庄发展需要，有序推进村庄规划编制。集聚提升类等建设需求量大的村庄加快编制，城郊融合类的村庄可纳入城镇控制性详细规划统筹编制，搬迁撤并类的村庄原则上不单独编制。避免脱离实际追求村庄规划全覆盖。

二、全域全要素编制村庄规划。以第三次国土调查（下文简称“三调”）的行政村界线为规划范围，对村域内全部国土空间要素作出规划安排。按照《国土空间调查、规划、用途管制用地用海分类指南（试行）》，细化现状调查和评估，统一底图底数，并根据差异化管理需要，合理确定村庄规划内容和深度。

三、尊重自然地理格局，彰显乡村特色优势。在落实县、乡镇级国土空间总体规划确定的生态保护红线、永久基本农田基础上，不挖山、不填湖、不毁林，因地制宜划定历史文化保护线、地质灾害和洪涝灾害风险控制线等管控边界。以“三调”为基础划好村庄建设边界，明确建筑高度等空间形态管控要求，保护历史文化和乡村风貌。

四、精准落实最严格的耕地保护制度。将上位规划确定的耕地保有量、永久基本农田指标细化落实到图斑地块，确保图、数、实地相一致。

五、统筹县域城镇和村庄规划建设，优化功能布局。工业布局要围绕县域经济发展，原则上安排在县、乡镇的产业园区；对利用本地资源、不侵占永久基本农田、不破坏自然环境和历史风貌的乡村旅游、农村电商、农产品分拣、冷链、初加工等农村产业业态可根据实际条件就近布局；严格落实“一户一宅”，引导农村宅基地集中布局；强化县城综合服务能力，把乡镇建成服务农民的区域中心，统筹布局村基础设施、公益事业设施和公共设施，促进设施共建共享，提高资源利用节约集约水平。

六、充分尊重农民意愿。规划编制和实施要充分听取村民意见，反映村民诉求；

规划批准后，组织编制机关应通过“上墙、上网”等多种方式及时公布并长期公开，方便村民了解和查询规划及管控要求。拟搬迁撤并的村庄，要合理把握规划实施节奏，充分尊重农民的意愿，不得强迫农民“上楼”。

七、加强村庄规划实施监督和评估。村庄规划批准后，应及时纳入国土空间规划“一张图”实施监督信息系统，作为用地审批和核发乡村建设规划许可证的依据。不单独编制村庄规划的，可依据县、乡镇级国土空间规划的相关要求，进行用地审批和核发乡村建设规划许可证。村庄规划原则上以五年为周期开展实施评估，评估后确需调整的，按法定程序进行调整。上位规划调整的，村庄规划可按法定程序同步更新。在不突破约束性指标和管控底线的前提下，鼓励各地探索村庄规划动态维护机制。

省（自治区、直辖市）自然资源主管部门可根据各地实际，细化具体要求；市县自然资源主管部门要加强对村庄规划工作的指导。本意见执行中遇到的问题，应及时向部报告。

2020 年 12 月 15 日

附录 6

江西省关于进一步加强实用性村庄规划工作助推乡村振兴的通知

各市县自然资源主管部门、发展改革委、农业农村局、乡村振兴局：

为贯彻 2022 年中央一号文件，加快推进有条件有需求村庄规划编制，进一步提升村庄规划编制实用性，发挥村庄规划的基础性作用，助推乡村振兴，现就有关事项通知如下：

一、按需分类推进村庄规划编制

（一）用好已编原村庄规划。按照“多规合一”要求对已编的原村庄规划开展规划评估，经评估可以延用的，可不单独编制村庄规划，尽快组织完成村庄规划入库工作。经评估只需对原村庄规划进行局部调整提升，即可满足村庄建设管理需求的，要适时开展规划调整提升。

（二）按需确定新编村庄规划。抓好《江西省“多规合一”实用性村庄规划专项行动方案（2021—2025 年）》持续实施，加快推进集聚提升类、城郊融合类、特色保护类村庄规划编制，到 2023 年底基本实现有条件有需求的村庄规划应编尽编，为乡村振兴提供规划支撑。2022 年，重点完成“十四五”省定乡村振兴重点帮扶村、传统村落等村庄规划编制任务；优先支持国家宅基地改革试点县（区）、宅基地规范管理示范先行创建县（市、区）按需编制村庄规划；鼓励其它有条件有需求的村庄规划编制任务，城郊融合类的村庄也可纳入城镇控制性详细规划统筹编制。按需确定的村庄规划年度编制任务应报请县级人民政府同意，各设区市自然资源主管部门汇总所辖县（市、区）编制情况后，于 7 月 15 日前上交至省自然资源厅。

（三）推行通则式村庄规划。对于暂无村庄规划编制需求和条件的村庄，可在乡镇国土空间规划中，以行政村为单元编制村庄规划通则。村庄规划通则随乡镇国土空间规划报批后，可作为实施国土空间用途管制、核发乡村建设规划许可依据。村庄规划通则主要内容包括“五线”“三指引”，即：永久基本农田控制线、生态保护红线、村庄建设边界、历史文化保护控制线、灾害风险控制线等五条重要控制线；村庄建设管控和风貌指引、公共和基础设施配套指引、国土综合整治与生态修复指引等三个方面指引。村庄规划通则编制完成后，需要单独新编村庄规划的村庄可对通则有关内容进行深化和细化。经评估可以延用或者局部调整的原村庄规划，要在乡镇国土空间规划中补充村庄规划通则内容。

二、着力提升村庄规划内容实用性操作性

（四）确保村庄规划编制内容实用。要突出需求导向，按照《江西省村庄规划编制技术规程（试行）》要求，因地制宜确定编制内容，按照“基本内容”＋“选做内容”开展“菜单式”村庄规划编制，减轻规划编制负担。要突出问题导向，着力找准解决村庄存在的建设管控、产业发展、生态修复、环境整治提升、设施配置等重点问题，力求规划的实用性。要突出乡土特色导向，保留延续乡村传统风貌和自然生态，保护好村落周边的山、水、林、田、园、塘等自然资源，体现自然风光和乡村景观。要严格规范村庄撤并，防止大拆大建和照搬城市模式，不搞不必要的大广场、大亭子、大公园等“形象工程”，倡导使用乡土材料、乡土植物、乡土工艺，提高规划的可实施性。

（五）划定好用管用村庄建设边界。村庄建设边界是规划期内可以用于村庄开发建设的范围，是规划相对集中的农村居民点以及因村庄建设和发展需要必须实行规划控制的区域。村庄建设边界划定以2020年度国土变更调查下发的村庄建设用地（203）为基础，按照保护优先、总量约束、潜力挖掘、布局优化、清晰可辨的原则，在村庄规划中予以划定。不单独编制规划的村庄，在乡镇国土空间规划村庄规划通则中划定的村庄建设边界，其边界保持和2020年度国土变更调查下发的村庄建设用地（203）范围一致，实施通则管理。原则上，村民居住、农村公共公益设施、农村一二三产业融合发展、集体经营性建设等用地应布局在村庄建设边界内，进行规划管控。

（六）坚持村民主体地位。落实乡村振兴为农民而兴、乡村建设为农民而建的要求，规划编制要充分尊重村民意愿，反映村民诉求。编制前，要通过召开村民代表会议等形式，动员、组织村民以主人翁的态度参与规划编制；编制中，要扎实做好驻村调查、村民讨论等基础工作，组织村民参与到规划编制的各个环节；编制后，要制作简明易懂的“村民公示版”规划成果，在报送审批前应在村内公示不少于30日，报送审批时应附村民委员会审议意见和村民代表会议讨论通过的决议。

三、建立完善村庄规划管理实施机制

（七）有序推进村庄规划审批。村庄规划编制完成后要依据县、乡（镇）国土空间规划，依法依规批复实施。过渡期内，乡村振兴重点帮扶村、全域土地综合整治试点等有需求的村庄，在规划建设用地规模实施减量、不占用永久基本农田、生态保护红线的、不占用或者少占耕地的前提下，可以先行审批村庄规划。对于确需增加建设用地规模的村庄规划，应当严格控制增量规模，由县级自然资源主管部门核定后进行审批，并将所需建设用地规模指标纳入在编的县乡（镇）国土空间规划予以统筹。经批准的村庄规划要报设区市自然资源主管部门备案。

（八）建立村庄规划弹性机制。在村庄建设边界内，一时难以明确具体用途的建设用地，可暂不明确规划用地性质，建立“用途留白”机制。在村庄规划中可预留5%的

建设用地规模作为“机动指标”，村民居住、农村公共公益设施、零星分散的乡村文旅设施及农村一二三产业融合发展等用地在不占用永久基本农田、严守生态保护红线、不破坏历史风貌和影响自然环境安全、符合用途管制要求的前提下，可申请使用。使用村庄规划的预留规模的，由村庄所在乡镇人民政府制订预留规模使用方案，明确用途、规模、位置、管控要求等内容，报县（市、区）自然资源局出具审核意见，并随用地报批文件一并报有权审批机关审批。县、乡国土空间规划预留规模使用办法由省自然资源厅另行制定。

（九）加快建立村庄规划管理系统。加快完善村庄规划数据库标准，持续推进村庄规划数据入库。各设区市自然资源部门要基于市级国土空间基础信息平台和国土空间规划“一张图”实施监督信息系统，建立村庄规划审查管理模块，做好本地区村庄规划数据备案入库工作，并汇交至省级国土空间规划“一张图”系统。省自然资源厅将利用“一张图”系统强化对村庄规划的实施监督。

四、加强组织形成村庄规划工作合力

（十）强化工作协同。发挥村庄规划“多规合一”的效用，统筹好村域国土空间的安排和布局，支持保障好乡村振兴重大专项工作空间需求。落实乡村产业发展规划要求，强化一二三产融合产业用地保障，对有明确产业需求和资源条件的村庄，要重点开展产业空间、产业用地统筹布局。加强和集体经营性建设用地入市工作的衔接，对于需要实施集体经营性建设用地入市的地块要在规划中明确土地界址、面积、用途和开发建设强度等管控要素，作为规划条件依据。加强和宅基地改革工作衔接，充分共享宅基地基础调查数据，鼓励有条件的村庄编制单位和宅基地基础调查单位合一。加强和乡村建设行动、农村人居环境整治提升工作衔接，对于急需实施整治提升的村庄规划，可以分步编制、分步报批，先批村庄人居环境整治内容。鼓励用好经评估延用的原村庄规划、村庄整治规划，支撑保障乡村建设、宅基地改革和农村人居环境整治提升工作。

（十一）强化规划成果宣传推介。要组织做好村庄规划审批后的“一村一踏勘，一村一宣讲”工作，乡镇人民政府会同县自然资源部门要下发基于高清影像的规划布局图纸，组织村民委员会和村民代表对永久基本农田、生态保护红线、村庄建设边界等重要控制线进行现场踏勘，确保村民、基层干部懂规划、守规划、用规划。对于实用性强、实施效果好的村庄规划成果，适时开展典型案例宣传和经验交流，发挥示范引领作用，积极营造村庄规划良好氛围。

（十二）强化技术保障。鼓励各地探索建立驻村、驻镇规划师制度，驻村、驻镇规划师可从县直部门、乡镇或驻村工作队中选派（具有城乡规划、土地资源管理等相关专业知识背景应优先选派）。要选择有资质、有经验、有责任心的编制单位，保障编制质量，各地发现村庄规划编制质量较差的可报请省自然资源厅记录编制单位不良行为。

（十三）强化组织保障。县（市、区）人民政府要加强对村庄规划领导，在规划中全面准确落实乡村振兴、乡村建设需求，要把村庄规划纳入乡村振兴工作统一调度，统筹保障工作经费。要加快推进乡镇国土空间规划编制，落实村庄规划通则，为单独编制的村庄规划提供上位依据，统编村庄规划通则的，要保障相应编制经费。自然资源、发展改革、农业农村、乡村振兴等部门要通力合作，共同抓好村庄规划编制。设区市相关部门要加强对所辖县（市、区）工作指导。

江西省自然资源厅 江西省发展和改革委员会
江西省农业农村厅 江西省乡村振兴局
2022年6月22日

附录 7

自然资源部办公厅关于印发《城中村改造国土空间规划政策指引》的通知

各省、自治区、直辖市自然资源主管部门，新疆生产建设兵团自然资源局：

为贯彻落实党中央、国务院决策部署，充分发挥国土空间规划对城中村改造的引领作用，积极稳步推进工作，打造宜居、韧性、智慧城市，部组织制定了《城中村改造国土空间规划政策指引》。现印发给你们，请结合实际抓好落实，及时总结经验，分析问题和矛盾，重要事项及时报告我部。

根据相关法律法规和政策规范，制订本政策指引，旨在推动支持城中村改造的相关国土空间规划政策工作的积极稳步开展。

一、总则

（一）总体目标

坚持以人民为中心的发展思想，以推动高质量发展为主题，贯彻落实全国国土空间规划纲要，充分发挥国土空间规划对城中村改造的统筹引领作用，积极稳步推进城中村改造工作，有效消除安全风险隐患，建设宜居、韧性、智慧城市。

（二）适用范围

本指引所称“城中村改造”包括城镇开发边界内的各类城中村，具体范围由城市人民政府结合实际确定。本指引用于指导各地在各级各类国土空间规划中深化落实城中村改造相关要求。

（三）工作原则

1. 坚持规划引领、优化布局。城中村改造是城市功能布局优化、土地和空间资源配置优化过程，应坚持先规划、后建设，依法发挥国土空间规划对城中村改造的统筹引领作用，加强规划与土地政策的衔接。

2. 坚持底线约束、节约集约。落实最严格的耕地保护制度、生态环境保护制度和节约集约用地制度，提高土地节约集约利用水平，走内涵式、集约型、绿色化的高质量发展之路。

3. 坚持系统观念、保障权益。以维护资源资产权益、尊重合法权益为出发点，统筹考虑城中村复杂的产权关系、空间布局、历史文化遗存等，实现好、维护好、发展好政府、村集体和村民、市场、新市民等相关主体利益。

4. 坚持以人为本、补齐短板。以人民为中心，有效消除各类安全风险隐患，加强环境整治，补齐设施短板，提升基础设施韧性，改善城乡人居环境。

5. 坚持因地制宜、差异引导。从实际出发，统筹问题导向与目标导向，依据规划确定的发展定位、功能布局等，结合城中村的区位、产业、人口等特征，实施分区分类改造。

6. 坚持政策衔接、统筹推进。将城中村改造与保障性住房建设、“平急两用”公共基础设施建设相结合，衔接低效用地再开发、全域土地综合整治等工作部署，形成政策合力。

（四）规划层级

国土空间总体规划是编制城中村改造详细规划的上位依据。详细规划是核发城中村改造规划许可、实施城中村改造活动的法定依据，应依据总体规划编制。

二、做实城中村改造的前期调查评估

（一）加强城中村资源资产调查

依托人口普查、国土调查、城市国土空间监测、地籍调查等数据基础，开展城中村基础数据、社会状况等信息的调查工作，形成覆盖全面、权威统一的城中村数据资源体系，建立调查评估与规划编制联动机制，为后续工作提供支撑。

在详细规划层面细化调查，系统进行单元内城中村基础地理信息、土地、房屋、权属、人口、经济、产业、历史文化遗存、公共服务设施和基础设施、改造意愿、专项调查等信息的摸底调查、确认和公示、核查工作。充分考虑相关部门已排查的房屋结构、消防、供用电、燃气等安全风险隐患，建立城中村基础信息台账。经审核、公布的城中村改造基础数据作为签订搬迁补偿协议的基础。

（二）开展前期体检评估

深化城中村改造体检评估，综合考虑政府、村集体和村民、市场、新市民等群体多元诉求，查找突出问题，开展资源环境、公共服务设施和基础设施等承载力评估以及安全隐患评估，加强城市安全、历史文化和生态景观保护、自然灾害、社会稳定等方面的风险影响评估。

在详细规划层面强化评估和论证的深度，综合考虑设施承载力、公共卫生安全、防灾减灾、城市通风环境、成本与效益等因素，论证改造可行性，统筹确定规划单元内建筑规模上限，可在市域内统筹平衡规划指标。统筹配置公益性用地和经营性用地，分类提出资产整备、配置、运营策略，按需编制改造资金使用方案，促进改造资金综合平衡、动态平衡。

三、在国土空间规划中统筹城中村改造要求

国土空间规划的编制实施应根据城市发展目标、阶段特征和存量发展需要，完善城中村改造的工作内容和管理要求。对于总体规划已完成编制但尚未明确城中村改造内容的城市，应在详细规划及近期建设规划中做出安排。

（一）总体规划层面强化空间统筹安排

各地应在国土空间总体规划中因地制宜明确城中村改造的规划目标、重点区域、节奏与时序等要求，提升城市能级和核心竞争力、推进城乡区域更趋协调、促进国家战略深入实施。

确定改造目标和重点区域。按照有效消除各类安全风险隐患、推动城市高质量发展的要求，确定城中村改造目标。根据国土空间规划实施需要，划定城中村改造重点区域，按拆除新建、整治提升、拆整结合的分类确定改造方式。坚持目标导向、应改则改，优先改造位于国土空间规划确定的重点功能片区、重点发展组团的城中村。坚持问题导向、需改则改，优先改造安全风险隐患多、景观风貌差、配套短板突出的城中村。兼顾实施导向、能改可改，适时改造符合规划要求、具有政策支撑和市场动力的城中村。

做好时序安排。总体规划已完成编制但尚未明确城中村改造内容的，应当编制近期建设规划，落实总体规划，充分衔接国民经济和社会发展规划，做好实施时序安排。结合城市近期发展目标，确定城中村改造的五年规划目标与任务规模。结合重点区域划定近期城中村改造范围，鼓励位于城市重点片区，改造可行性较高、紧迫性较强的城中村优先划入近期改造的范围，并与土地资源资产配置方案与实施计划进行衔接。结合近期改造的城中村范围，制定近期实施项目清单，并适当预留规划弹性与可实施性，明确改造面积、改造方式、年度时序等内容，指导城中村改造年度计划编制。

（二）详细规划层面细化空间管控要求

各地应积极发挥详细规划法定作用，衔接上位规划确定的管控要求、引导措施、规划目标等内容，结合城中村改造方式、详细规划管理实际与工作组织安排以及现状权属关系等，合理确定城中村改造单元，将城中村改造单元细分为“规划单元”和“实施单元”两个层次，分层编制、分级审批，也可根据工作需要，依规同步一体编制审批。

1. 规划单元详细规划明确管控要求

城中村改造规划单元详细规划以总体规划为依据，分解落实相关要求，明确规划单元的发展定位、主导功能及建筑规模总量，提出刚性管控和特色引导要求。规划单元详细规划是实施单元详细规划编制的依据，编制中应突出以下内容。

补齐设施短板。充分利用原有设施，补齐配套设施短板，优化保障性住房布局，构建十五分钟社区生活圈，兼顾单元内外设施衔接与共建共享，可与相邻区域统筹设施配套。

加强城市设计和风貌管控。提出建筑高度、天际线、重要景观节点、绿地系统与开敞空间、风廊视廊等重要廊道以及特色风貌控制等城市设计内容。

建立正负面清单。建立针对城中村改造方式的正负面清单，区别明确相应的改造方式。对有助于优化城市空间结构、提升产业发展能级、完善城市功能、补齐重大公共基础设施、促进生态维育、历史文化保护活化等的城中村改造项目，纳入正面清单，鼓励优先改造。对有特殊保护要求、不应“大拆大建”的，制定规划监督的负面清单，加强对出现负面清单中情况的及时处置。

2. 实施单元详细规划明确规划设计要点

实施单元详细规划宜结合实施时序动态编制，是提出城中村改造项目规划条件、核发规划许可（含方案设计）的法定依据。“规划单元”“实施单元”两个层级详细规划同步合并一体编制的，应达到“实施单元”详细规划的深度，方可作为法定依据。编制中应突出以下内容。

合理划定地块。在调查评估基础上，基于资源资产，叠加地块产权信息，结合改造方式，合理划定实施地块范围。

推动土地整理。通过土地征收、土地置换、拆旧复垦、收购归宗、混合改造等方式，整合存量建设用地，可扩大至周边低效用地等，促进成片改造。

细化管控引导。确定实施单元主导功能，细化规划单元管控引导要求并落实到地块，明确地块用地性质、开发强度（容积率、建筑密度等）、绿地率、建筑控制高度，设施配建、保障性住房配建要求等。

明确实施策略。协调各类利益主体意愿和诉求，结合项目实施机制和市场需求，研究适配的规划和土地策略。

动态维护优化。在符合上位规划刚性管控要求前提下，各地可结合实际，通过局部技术性修正或优化调整等方式，对规划单元和实施单元详细规划进行动态维护，经法定程序审批后纳入国土空间规划“一张图”实施监督信息系统。

3. 规划审查要点

各地在审查涉及城中村改造单元的详细规划时，除详细规划常规审查要点外，还需重点考虑以下内容：

一是是否落实国土空间总体规划，是否与更新改造相关专项规划做好衔接。

二是是否在资源环境承载能力、公共服务设施和基础设施承载能力等评估的基础上确定规划指标。

三是实施策略是否符合相关土地政策，如涉及土地置换、土地整合，是否已取得相关权属人的初步同意意见。

四是历史文化资源、古树名木保护和利用策略是否已经专家和相关主管部门认可。

五是正负面清单是否保障维护群众安全和正当权益。

四、完善城中村改造实施的政策保障

建立城中村改造配套保障机制，推动落地实施。

（一）强化政府统筹力度，用好用足相关政策

充分发挥政府主导作用，强化主体责任，推动城市核心区域、安全隐患突出的城中村优先改造，保障城市战略意图的贯彻落实。

坚持依法依规、公平公正、守牢底线红线，充分利用低效用地再开发、全域土地综合整治等相关政策，分类实施城中村改造，强化规划统领，实施依法征收，加强土地收储支撑，保障“净地”供应，探索依法实施综合评价出让或带设计方案出让，推进土地混合开发和空间复合利用，依法妥善处理历史遗留用地问题。部将加强政策运用的跟踪指导工作，对于地方工作中被实践证实有效可复制的政策，将加大力度推广。

（二）探索政策激励创新，充分保障相关主体权益

鼓励各地因城施策，探索土地混合开发、空间复合利用、容积率核定优化、跨空间单元统筹、存量资产运营等政策，推动形成规划管控与市场激励良性互动的机制。各地自然资源主管部门可会同有关部门按需制定适合城中村改造的地方性规划标准和规范。

充分保障村民合法权益，先行做好意愿征求、产业搬迁、人员妥善安置、历史文化保护、落实征收补偿安置资金等前期工作，巩固提升村民原有生活水平。为外来人口提供经济可负担的居住空间，着力解决新市民、青年人等群体住房困难。

（三）充分发挥社会综合治理力量

坚持开门编规划，做好城中村改造的意愿征询、协调协商、方案公示等公众参与工作。鼓励引导市场力量开展渐进式整治。依托街道、社区等基层组织，搭建多元协商共治平台，构建党建引领、法治保障、政府统筹、社会协同、公众参与的共建共治共享社会治理格局。

五、加强规划实施监督

构建数字化管理体系。充分利用各类数据资源，深化大数据、人工智能等数字技术应用。在国土空间规划实施监测网络建设中，融合实景三维模型、视频监控、基础设备等数据，探索搭建数字管理场景，完善社区治理基础设施，辅助城中村数字化、精细化管理。

加强跟踪指导。做好与各级各类国土空间规划衔接，将相关规划成果按程序纳入所在市级、区（县、市）级国土空间规划“一张图”实施监督信息系统，作为实施成效评估的依据。